采油工安全生产标准化操作丛书

中国石油人事部
中国石油勘探与生产分公

电动潜油泵井生产故障分析与处理 1

电动潜油泵井机组未正常启动的诊断分析与处理

石油工業出版社

图书在版编目（CIP）数据

电动潜油泵井生产故障分析与处理 / 中国石油人事部，中国石油勘探与生产分公司编 .—北京：石油工业出版社，2019.5

（采油工安全生产标准化操作丛书）

ISBN 978-7-5183-3242-7

Ⅰ.①电… Ⅱ.①中… ②中… Ⅲ.①电动潜油泵－故障诊断－技术操作规程 ②电动潜油泵－故障修复－技术操作规程 Ⅳ.① TE933-65

中国版本图书馆 CIP 数据核字（2019）第 050473 号

出版发行：石油工业出版社
（北京安定门外安华里 2 区 1 号楼 100011）
网　址：www.petropub.com
编辑部：（010）64523541
图书营销中心：（010）64523633
经　　销：全国新华书店
印　　刷：北京中石油彩色印刷有限责任公司

2019 年 5 月第 1 版　2019 年 5 月第 1 次印刷
880 × 1230 毫米　开本：1/64　印张：5.6875
字数：90 千字

定价：135.00 元（全 9 册）
（如出现印装质量问题，我社图书营销中心负责调换）

《采油工安全生产标准化操作丛书》

编　委　会

《电动潜油泵井生产故障分析与处理1 电动潜油泵井机组未正常启动的诊断分析与处理》

编　委　会

开发单位

中国石油天然气股份有限公司勘探与生产分公司

大庆油田有限责任公司人事部（党委组织部）

大庆油田有限责任公司开发部

大庆油田有限责任公司质量安全环保部

大庆油田有限责任公司第二采油厂

大庆油田有限责任公司第四采油厂

大庆油田有限责任公司第六采油厂

大庆油田有限责任公司文化集团

大庆油田有限责任公司人才开发院

大庆油田有限责任公司大庆医学高等专科学校

合作单位

长庆油田分公司

辽河油田分公司

新疆油田分公司

大港油田分公司

华北油田分公司

石油工业出版社

FOREWORD 序

“求木之长者，必固其根本；欲流之远者，必浚其泉源。”2017 年，党中央、国务院印发了《新时期产业工人队伍建设改革方案》，明确指出，产业工人是工人阶级中发挥支撑作用的主体力量，是创造社会财富的中坚力量，是创新驱动发展的骨干力量，是实施制造强国战略的有生力量。同时提出，要造就一支有理想守信念、懂技术会创新、敢担当讲奉献的宏大的产业工人队伍。这充分体现了党和国家对产业工人队伍建设的关心支持。

中国石油牢固树立以人为本、质量至上、安全第一、环保优先的理念，坚持施行标准化操作作为保证安全生产、深化精细管理、实现

企业内涵发展的重要支撑。中国石油将提升员工技能水平作为抓好产业工人队伍建设的主攻方向，把标准化操作固化成基层单位和干部职工尤其是新员工的行为准则和工作标准，牢固树立“上标准岗、干标准活”的工作意识和理念，形成人人讲安全、人人会安全、人人都安全的良好局面。

守正笃实，久久为功。提升员工技能操作水平是一项长期而艰巨的任务，完善标准是基础，加强领导是保障，优化执行是根本。这需要大家积极推广标准化操作工作，不断加强和改进操作流程与标准，不断规范与完善标准化操作，引导广大员工全面提升对标准化操作的认知度，全面提升标准化操作执行力，规范本质化安全行为，推进各项工作上水平。

中国石油人事部和中国石油勘探与生产分公司共同组织编写的《采油工安全生产标准化

操作丛书》及配套的视频课件，包含中国石油各油气田单位通用性的140个基本操作，具有开发标准高、内容全面、注重安全风险、应用范围广、培训效果突出等方面优点。相对应的视频课件利用三维动画技术，通过分解、剖切等方式展示常规不可见的设备内部结构，让员工学习起来更加直观，是一套“看得懂、学得会、易掌握”的实用教材，真正做到了将“技术有形化”，填补了中国石油安全生产操作培训课件方面的空白，为进一步提升操作员工整体素质提供有力支撑。

目前，跨国公司员工培训已经进入了“互联网+培训”的员工混合式培训阶段，以多终端应用设备为载体，展现多种资源，结合线下培训和社区化学习模式，以网络化应用进行培训评估，实现可规划路径的人才发展优化培训。这套丛书从生产实际出发，以满足需求为导向，

以促进员工养成标准化操作习惯为目标，实践性和针对性都很强。同时，大批专家的参与写作使教材的权威性有了保证。丛书配套的视频课件可以满足石油员工远程移动学习，也可以满足员工单机高清自学和集中学习。这样就形成了三位一体的员工培训模式，逐步迈入员工混合式培训阶段。希望这套丛书的出版发行，能为促进中国石油员工培训工作的深入开展，为促进员工操作技能水平的不断提升，为推动油气主业高质量发展，为实现中国石油建成世界一流综合性国际能源公司作出积极贡献。

中国石油天然气集团有限公司
总经理助理、人事部总经理 刘志华

PREFACE 前言

采油工是油田企业主体关键工种之一，在中国石油操作类员工中占比较大，采油工技能水平的高低，对油田的安全平稳生产起到至关重要的作用。为进一步提高采油工的基本素质和业务技能水平，中国石油人事部和中国石油勘探与生产分公司于 2016 年联合启动了采油工安全生产标准化操作视频培训课件开发项目，成立了课件编委会，委托大庆油田公司负责课件具体编制工作，并确定长庆、辽河、新疆、大港、华北 5 家油田公司和石油工业出版社，共同配合大庆油田做好视频培训课件编制工作。

课件开发过程中，大庆油田高度重视，按照“实际、实用、实效”的原则，专门成立了

课件开发工作领导组，组织公司人事部、开发部、安全环保部、第二采油厂、第四采油厂等9个部门和二级单位共同参与，共计抽调了100余名专家参与项目的研发设计。勘探与生产分公司加强过程监督和质量把控，针对开发方案、课件脚本、制作标准、课件样片等内容，按照不同工作节点先后组织三次大的集中审核会议，邀请中国石油各油田行业专家建言献策，为提高课件的通用性和实用性奠定坚实基础。大庆油田按照总体工作要求，历时两年，完成了视频培训课件的编制任务，并同步完成《采油工安全生产标准化操作丛书》的编写工作。本套丛书紧贴油田生产实际，以采油工岗位职责为依据，包含《安全防护用具使用》《工具、用具、量具使用》《采油工艺简介》《抽油机井标准化操作》《电动潜油泵井标准化操作》《电动螺杆泵井标准化操作》《注水井标准化操作》

《计量间标准化操作》《抽油机井生产故障分析与处理》《电动潜油泵井生产故障分析与处理》《电动螺杆泵井生产故障分析与处理》《注水井生产故障分析与处理》《计量间生产故障分析与处理》《现场应急救护》，共 14 种 140 个分册。本套丛书具有突出的实用性和规范性特点,可广泛用于新员工岗前培训、日常岗位练兵、鉴定考前培训、师徒帮带、技能竞赛等学习培训活动。

希望本套丛书能够为各石油企业提供借鉴，为今后采油工岗位培训的扎实有效开展提供有力保障。由于各油田在采油工艺、设备等方面存在差异性，书中难免有不足之处，敬请读者批评指正。

编者

2018 年 8 月

CONTENTS 目录

故障现象

在启动电动潜油泵井时，合上控制柜空气开关，主机电压表显示电压正常无波动，但按下启动按钮后，电动潜油泵机组无启动反应。

故障现象
主机电压表显示正常无波动
kV

故障原因

（1）控制回路空气开关未打开，导致控制回路未接通。

（2）控制回路电路有断点，导致控制回路未接通。

诊断方法：逐一排查控制回路电路，查找线路断点。

（3）控制变压器输出电压低，使真空接触器吸合不稳定。

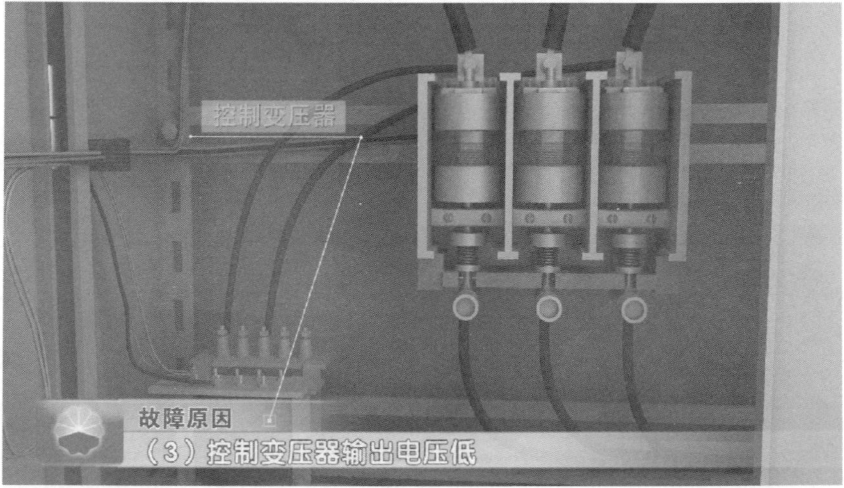

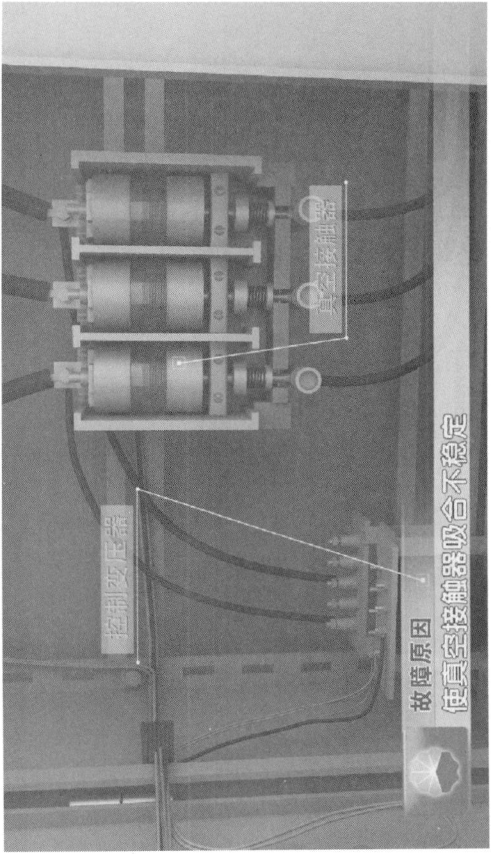
真空接触器
控制变压器
故障原因
使真空接触器吸合不稳定

诊断方法：查看中心控制器控制电压。

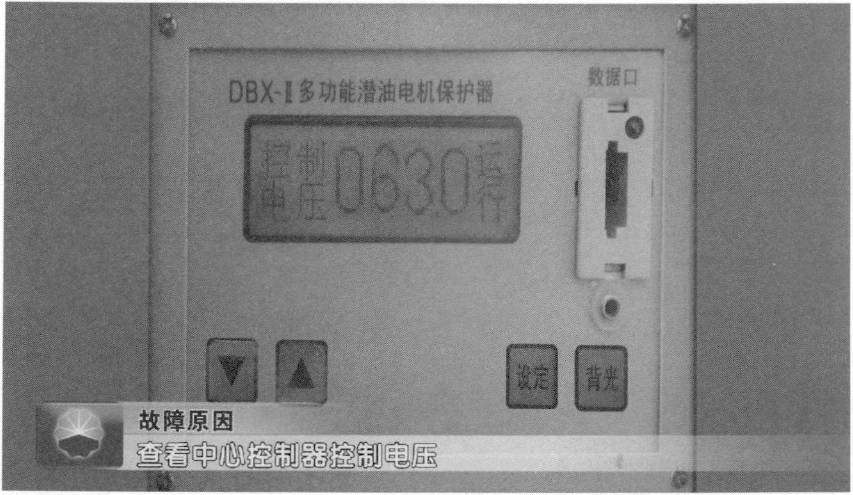

（4）真空接触器出现电路故障或机械故障，导致真空接触器不能吸合。

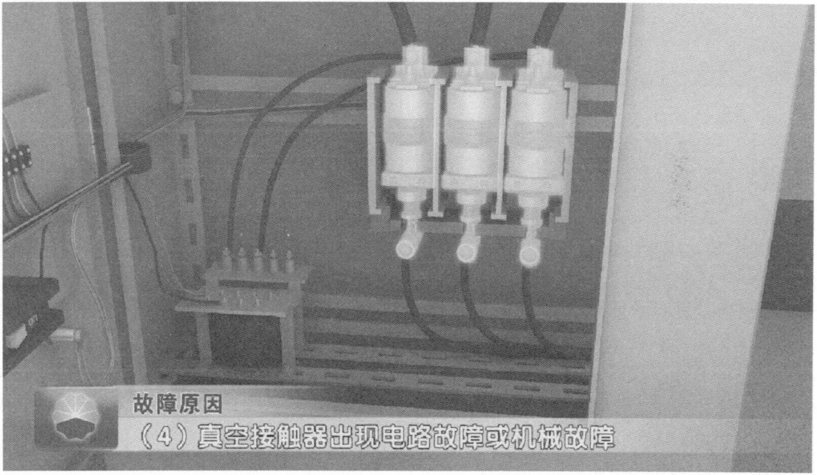

（5）中心控制器内电子元件故障，导致控制回路无法正常工作。

处理方法

（1）控制回路空气开关未打开时，检查后打开开关。

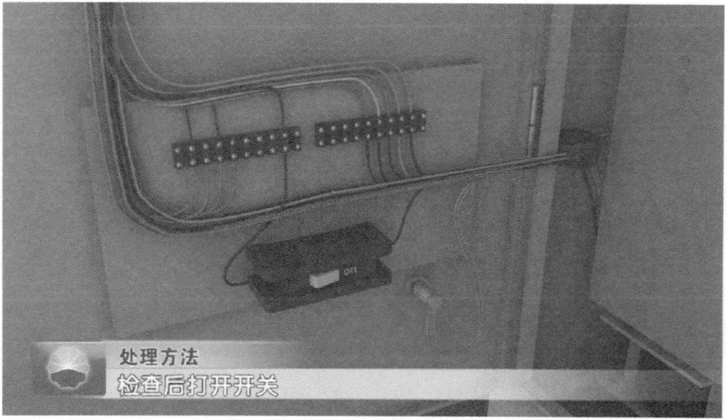

（2）控制回路线路有断点时，查找出断点并接通。

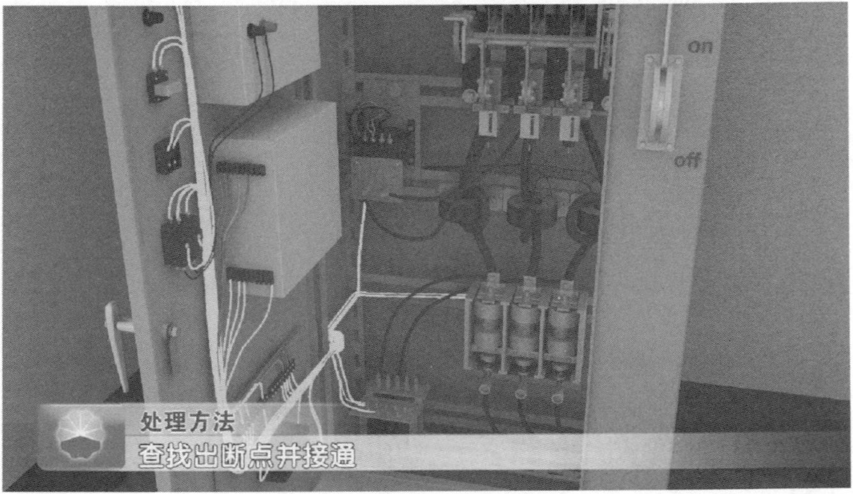

（3）控制变压器输出电压低时，调节控制变压器输入或输出端接线柱，将控制电压调至合理范围内。

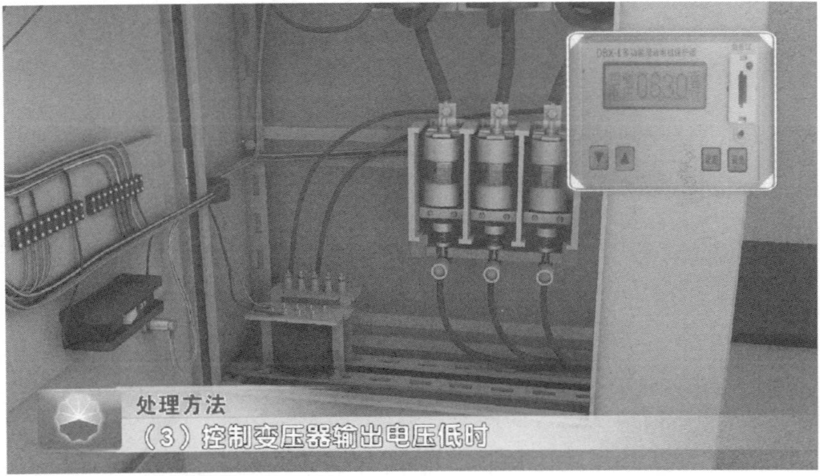

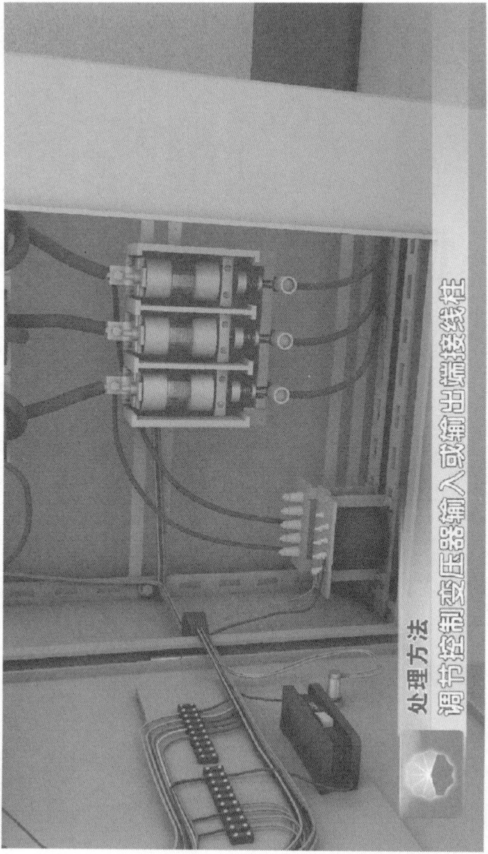
处理方法
调节控制变压器输入或输出端接线柱

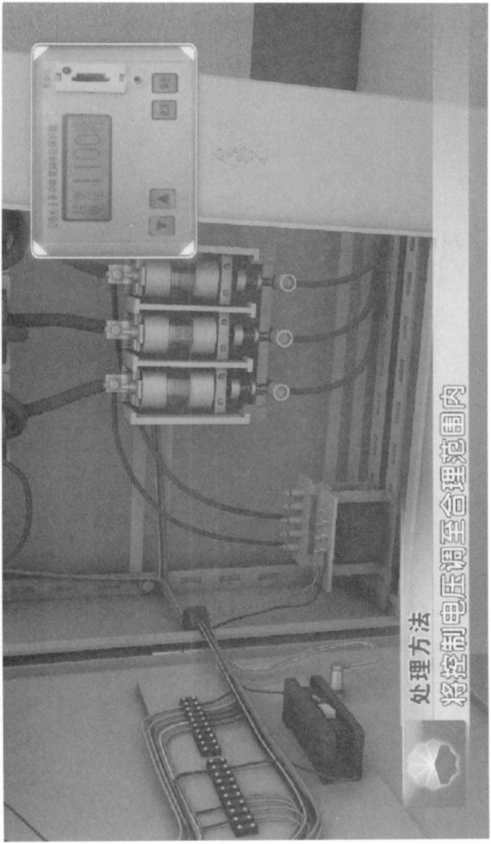
处理方法
将控制电压调至合理范围内

（4）真空接触器故障时，维修或更换真空接触器。

（5）中心控制器内电子元件故障时，维修或更换中心控制器。

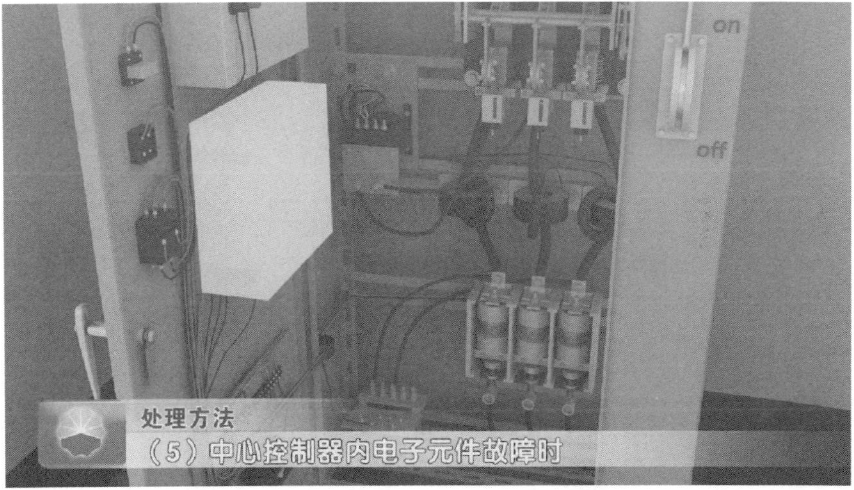

试　题

一、选择题（不限单选）

1. 控制变压器输出电压低时，应调节（　　），将控制电压调至合理范围内。

A. 控制变压器输入或输出端接线

B. 工作电压

C. 过载电流保护值

D. 欠载电流保护值

2. 以下哪些情况将导致电动潜油泵不能正常启动（　　）。

A. 中心控制器内电子元件故障

B. 控制回路断路

C. 控制电压低

D. 真空接触器故障

二、判断题

1. 控制变压器输出电压低，将导致真空接触器出现机械卡阻现象。（　）

2. 控制回路故障可导致电动潜油泵不能正常启动。（　）

试题参考答案

一、选择题

题号	1	2
答案	A	ABCD

二、判断题

题号	1	2
答案	×	√

《电动潜油泵井生产故障分析与处理》

分册序号	分册书名
1	电动潜油泵井机组未正常启动的诊断分析与处理
2	电动潜油泵井启动时过载停机的诊断分析与处理
3	电动潜油泵井启动时欠载停机的诊断分析与处理
4	电动潜油泵井排量效率低的诊断分析与处理
5	电动潜油泵井运行时过载停机的诊断分析与处理
6	电动潜油泵井运行时欠载停机的诊断分析与处理
7	电动潜油泵井运行电流偏高的诊断分析与处理
8	电动潜油泵井运行电流不平衡的诊断分析与处理
9	电动潜油泵井机械清蜡操作常见故障处理

选题策划：章卫兵
策划编辑：马海峰　李　中
责任编辑：王　瑞
责任校对：郭京平
封面设计：书蠹文化

采油工安全生产标准化操作丛书

- 安全防护用具使用（3个分册）
- 工具、用具、量具使用（11个分册）
- 采油工艺简介（5个分册）
- 抽油机井标准化操作（25个分册）
- 电动潜油泵井标准化操作（9个分册）
- 电动螺杆泵井标准化操作（12个分册）
- 注水井标准化操作（7个分册）
- 计量间标准化操作（5个分册）
- 抽油机井生产故障分析与处理（15个分册）
- 电动潜油泵井生产故障分析与处理（9个分册）
- 电动螺杆泵井生产故障分析与处理（16个分册）
- 注水井生产故障分析与处理（11个分册）
- 计量间生产故障分析与处理（6个分册）
- 现场应急救护（6个分册）

ISBN 978-7-5183-3242-7

9 787518 332427

定价：135.00元（全9册）

采油工安全生产标准化操作丛书

中国石油人事部
中国石油勘探与生产分公司 编

电动潜油泵井生产故障分析与处理 2

电动潜油泵井启动时过载停机的诊断分析与处理

石油工業出版社

采油工安全生产标准化操作丛书

中国石油人事部
中国石油勘探与生产分公司 编

电动潜油泵井生产故障分析与处理 2

电动潜油泵井启动时过载停机的诊断分析与处理

石油工业出版社

图书在版编目（CIP）数据

电动潜油泵井生产故障分析与处理 / 中国石油人事部，中国石油勘探与生产分公司编 .—北京：石油工业出版社，2019.5

（采油工安全生产标准化操作丛书）

ISBN 978-7-5183-3242-7

Ⅰ. ①电… Ⅱ. ①中… ②中… Ⅲ. ①电动潜油泵 - 故障诊断 - 技术操作规程 ②电动潜油泵 - 故障修复 - 技术操作规程 Ⅳ. ① TE933-65

中国版本图书馆 CIP 数据核字（2019）第 050473 号

出版发行：石油工业出版社
（北京安定门外安华里 2 区 1 号楼 100011）
网　址：www.petropub.com
编辑部：（010）64523541
图书营销中心：（010）64523633
经　　销：全国新华书店
印　　刷：北京中石油彩色印刷有限责任公司

2019 年 5 月第 1 版　2019 年 5 月第 1 次印刷
880 × 1230 毫米　开本：1/64　印张：5.6875
字数：90 千字

定价：135.00 元（全 9 册）
（如出现印装质量问题，我社图书营销中心负责调换）

《采油工安全生产标准化操作丛书》
编　委　会

《电动潜油泵井生产故障分析与处理 2 电动潜油泵井启动时过载停机的诊断分析与处理》

编　委　会

开发单位

中国石油天然气股份有限公司勘探与生产分公司

大庆油田有限责任公司人事部（党委组织部）

大庆油田有限责任公司开发部

大庆油田有限责任公司质量安全环保部

大庆油田有限责任公司第二采油厂

大庆油田有限责任公司第四采油厂

大庆油田有限责任公司第六采油厂

大庆油田有限责任公司文化集团

大庆油田有限责任公司人才开发院

大庆油田有限责任公司大庆医学高等专科学校

合作单位

长庆油田分公司

辽河油田分公司

新疆油田分公司

大港油田分公司

华北油田分公司

石油工业出版社

Foreword 序

“求木之长者，必固其根本；欲流之远者，必浚其泉源。”2017年，党中央、国务院印发了《新时期产业工人队伍建设改革方案》，明确指出，产业工人是工人阶级中发挥支撑作用的主体力量，是创造社会财富的中坚力量，是创新驱动发展的骨干力量，是实施制造强国战略的有生力量。同时提出，要造就一支有理想守信念、懂技术会创新、敢担当讲奉献的宏大的产业工人队伍。这充分体现了党和国家对产业工人队伍建设的关心支持。

中国石油牢固树立以人为本、质量至上、安全第一、环保优先的理念，坚持施行标准化操作作为保证安全生产、深化精细管理、实现

企业内涵发展的重要支撑。中国石油将提升员工技能水平作为抓好产业工人队伍建设的主攻方向，把标准化操作固化成基层单位和干部职工尤其是新员工的行为准则和工作标准，牢固树立“上标准岗、干标准活”的工作意识和理念，形成人人讲安全、人人会安全、人人都安全的良好局面。

守正笃实，久久为功。提升员工技能操作水平是一项长期而艰巨的任务，完善标准是基础，加强领导是保障，优化执行是根本。这需要大家积极推广标准化操作工作，不断加强和改进操作流程与标准，不断规范与完善标准化操作，引导广大员工全面提升对标准化操作的认知度，全面提升标准化操作执行力，规范本质化安全行为，推进各项工作上水平。

中国石油人事部和中国石油勘探与生产分公司共同组织编写的《采油工安全生产标准化

操作丛书》及配套的视频课件，包含中国石油各油气田单位通用性的140个基本操作，具有开发标准高、内容全面、注重安全风险、应用范围广、培训效果突出等方面优点。相对应的视频课件利用三维动画技术，通过分解、剖切等方式展示常规不可见的设备内部结构，让员工学习起来更加直观，是一套“看得懂、学得会、易掌握”的实用教材，真正做到了将“技术有形化”，填补了中国石油安全生产操作培训课件方面的空白，为进一步提升操作员工整体素质提供有力支撑。

目前，跨国公司员工培训已经进入了“互联网+培训”的员工混合式培训阶段，以多终端应用设备为载体，展现多种资源，结合线下培训和社区化学习模式，以网络化应用进行培训评估，实现可规划路径的人才发展优化培训。这套丛书从生产实际出发，以满足需求为导向，

以促进员工养成标准化操作习惯为目标，实践性和针对性都很强。同时，大批专家的参与写作使教材的权威性有了保证。丛书配套的视频课件可以满足石油员工远程移动学习，也可以满足员工单机高清自学和集中学习。这样就形成了三位一体的员工培训模式，逐步迈入员工混合式培训阶段。希望这套丛书的出版发行，能为促进中国石油员工培训工作的深入开展，为促进员工操作技能水平的不断提升，为推动油气主业高质量发展，为实现中国石油建成世界一流综合性国际能源公司作出积极贡献。

中国石油天然气集团有限公司
总经理助理、人事部总经理 刘志华

PREFACE 前言

采油工是油田企业主体关键工种之一，在中国石油操作类员工中占比较大，采油工技能水平的高低，对油田的安全平稳生产起到至关重要的作用。为进一步提高采油工的基本素质和业务技能水平，中国石油人事部和中国石油勘探与生产分公司于2016年联合启动了采油工安全生产标准化操作视频培训课件开发项目，成立了课件编委会，委托大庆油田公司负责课件具体编制工作，并确定长庆、辽河、新疆、大港、华北5家油田公司和石油工业出版社，共同配合大庆油田做好视频培训课件编制工作。

课件开发过程中，大庆油田高度重视，按照“实际、实用、实效”的原则，专门成立了

课件开发工作领导组，组织公司人事部、开发部、安全环保部、第二采油厂、第四采油厂等9个部门和二级单位共同参与，共计抽调了100余名专家参与项目的研发设计。勘探与生产分公司加强过程监督和质量把控,针对开发方案、课件脚本、制作标准、课件样片等内容，按照不同工作节点先后组织三次大的集中审核会议，邀请中国石油各油田行业专家建言献策，为提高课件的通用性和实用性奠定坚实基础。大庆油田按照总体工作要求，历时两年，完成了视频培训课件的编制任务，并同步完成《采油工安全生产标准化操作丛书》的编写工作。本套丛书紧贴油田生产实际，以采油工岗位职责为依据，包含《安全防护用具使用》《工具、用具、量具使用》《采油工艺简介》《抽油机井标准化操作》《电动潜油泵井标准化操作》《电动螺杆泵井标准化操作》《注水井标准化操作》

《计量间标准化操作》《抽油机井生产故障分析与处理》《电动潜油泵井生产故障分析与处理》《电动螺杆泵井生产故障分析与处理》《注水井生产故障分析与处理》《计量间生产故障分析与处理》《现场应急救护》，共14种140个分册。本套丛书具有突出的实用性和规范性特点，可广泛用于新员工岗前培训、日常岗位练兵、鉴定考前培训、师徒帮带、技能竞赛等学习培训活动。

希望本套丛书能够为各石油企业提供借鉴，为今后采油工岗位培训的扎实有效开展提供有力保障。由于各油田在采油工艺、设备等方面存在差异性，书中难免有不足之处，敬请读者批评指正。

编者

2018年8月

CONTENTS 目录

故障现象

电动潜油泵机组在启动运行时，电流卡片呈现运行电流高于过载电流保护值，并很快出现“过载停机”现象。

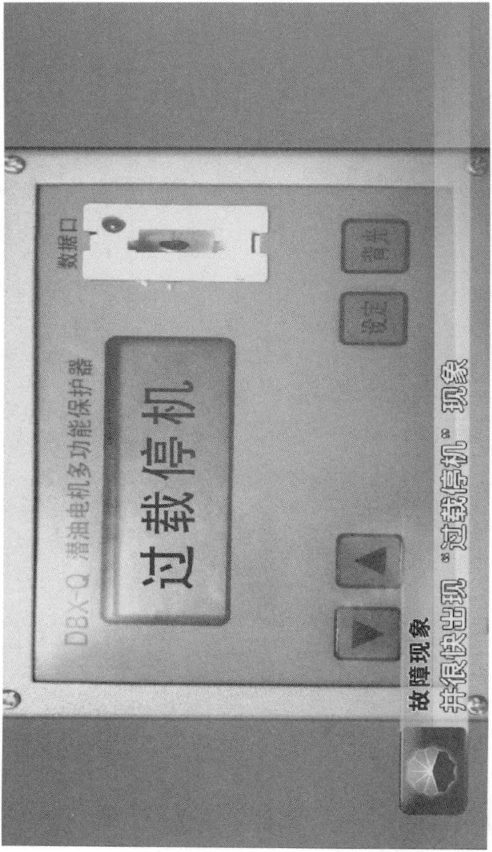
数据口
DBX-Q 潜油电机多功能保护器
过载停机
设定
故障现象
井很快出现“过载停机”现象

故障原因

（1）过载电流保护值设置低，导致电动潜油泵机组启动后运行电流高于过载电流保护值，发生过载停机。

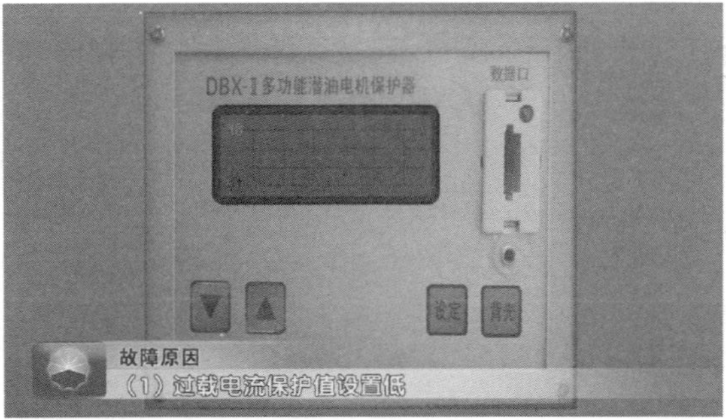

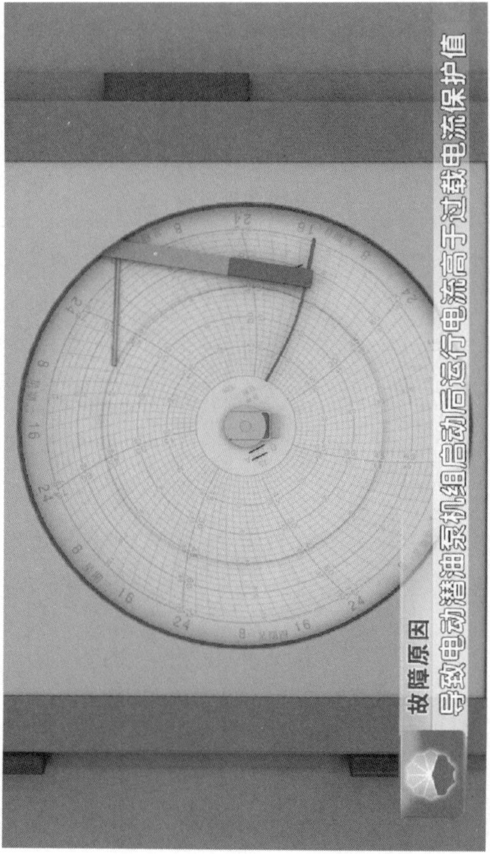
故障原因
导致电动潜油泵机组启动后运行电流高于过载电流保护值

诊断方法：查看潜油电动机额定电流值，核对过载电流保护值是否按照额定电流值的 120% 设定。

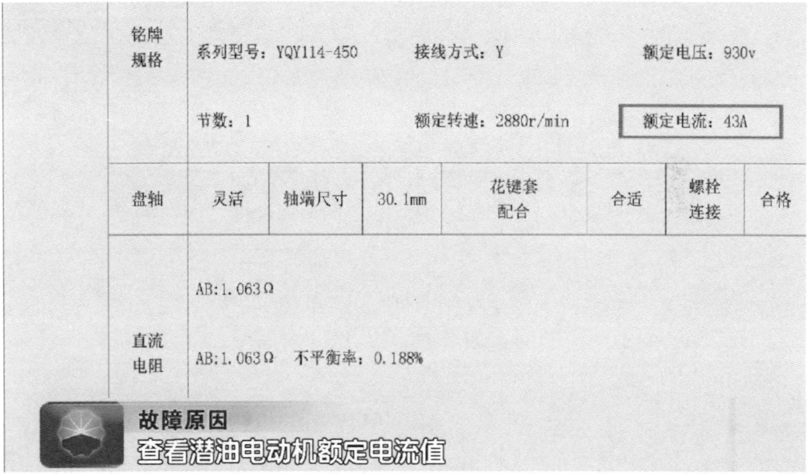

铭牌规格	系列型号：YQY114-450			接线方式：Y		额定电压：930v	
	节数：1			额定转速：2880r/min		额定电流：43A	
盘轴	灵活	轴端尺寸	30.1mm	花键套配合	合适	螺栓连接	合格
直流电阻	AB:1.063Ω						
	AB:1.063Ω　不平衡率：0.188%						

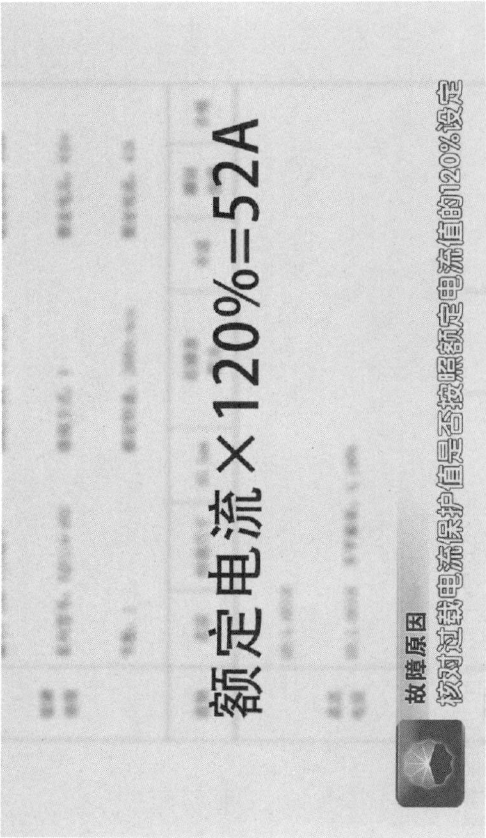
额定电流×120%=52A
故障原因
校对过载电流保护值是否按照额定电流值的120%设定

（2）井下电气故障：低绝缘井启机瞬间，在大电流冲击下潜油电缆或潜油电动机绝缘击穿。

诊断方法：应用万用表测量机组相间直流电阻，相间直流电阻不平衡，说明井下电气系统短路或断路。

相间直流电阻不平衡度计算公式：

$$C=\frac{\left|R_x-R_{平均}\right|}{R_{平均}}\times 100.0\%$$

式中　C——相间直流电阻不平衡度；

R_x（R_{AB}、R_{BC}、R_{CA}）——实测相间直流电阻值；

$R_{平均}$——相间直流电阻平均值，$R_{平均}=(R_{AB}+R_{BC}+R_{CA})/3$。

注：相间直流电阻不平衡度超过 2.0% 即为不平衡。

应用2500V兆欧表测量机组对地绝缘电阻，对地绝缘电阻低或为零，说明绝缘损坏或击穿。

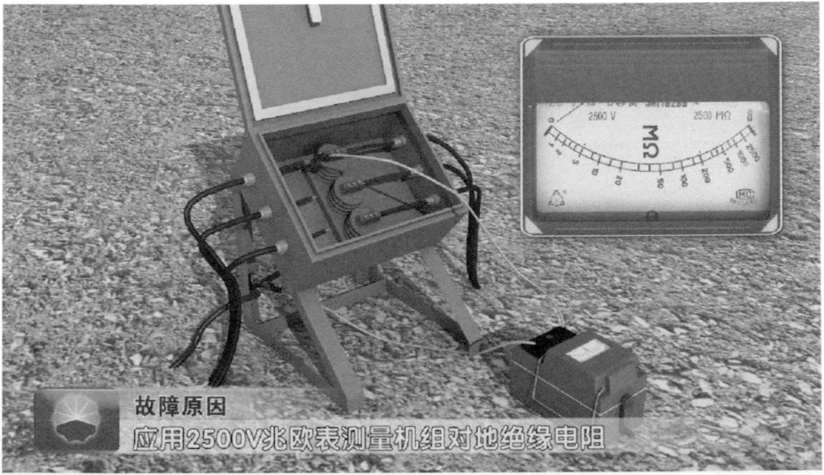

（3）套变影响：电动潜油泵机组下入套变井段，使潜油电动机、电动机保护器、油气分离器、潜油离心泵不同轴，导致启动电流大，发生过载停机。

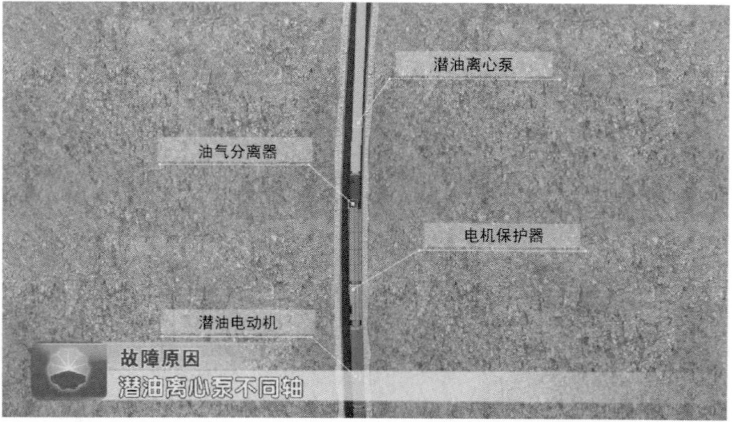

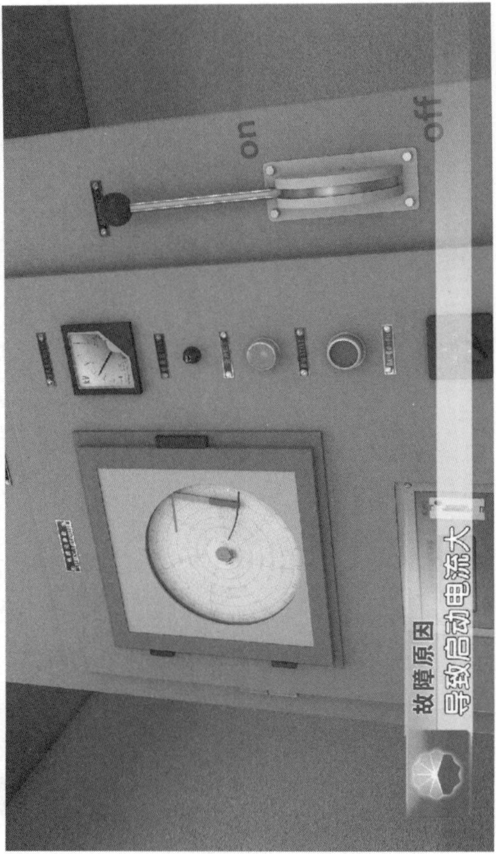
on
off
故障原因
导致启动电流大

（4）钻井液卡泵：作业后钻井液未替净，钻井液进入潜油离心泵后发生卡泵，造成过载停机。

故障原因
钻井液进入潜油离心泵后发生卡泵

处理方法

（1）过载电流保护值设置低时，按潜油电动机额定电流值的 120%设定。

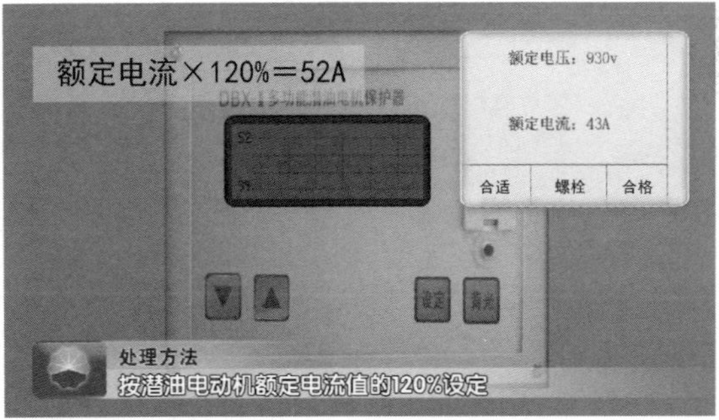

（2）电缆或潜油电动机损坏，则上报检泵作业。

（3）弯曲井段影响时，作业上提若干根油管避开弯曲井段。

（4）钻井液卡泵时，进行大排量洗井，同时，调整接线盒内任意两根导线相序，做潜油离心泵反向运转处理。

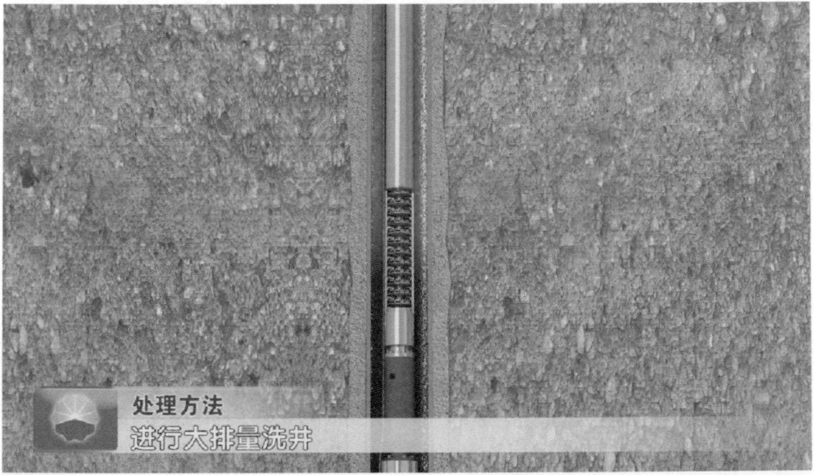

试　题

一、选择题（不限单选）

1. 电动潜油泵机组下入套管变形井段，将出现什么（　　）现象。

A. 地层供液不足　B. 机组不同轴

C. 运行电流降低　D. 油管漏失

2. 以下哪些原因会导致电动潜油泵在启动时发生过载停机的是（　　）。

A. 过载电流保护值设置低

B. 潜油电动机故障

C. 套管变形挤压机组

D. 钻井液卡泵

3. 一般常用以下哪些工具诊断电动潜油泵井下电气故障（　　）。

A. 兆欧表　B. 万用表

C. 压力表　　　　D. 钳型电流表

二、判断题

1. 电动潜油泵机组下入套管变形井段，将导致潜油电动机、电动机保护器、油气分离器和潜油离心泵出现不同轴现象。（　）

2. 钻井液卡泵时，大排量洗井处理的同时，可配合采取潜油离心泵反向运转处理措施。(　)

试题参考答案

一、选择题

题号	1	2	3
答案	B	ABCD	AB

二、判断题

题号	1	2
答案	√	√

《电动潜油泵井生产故障分析与处理》

分册序号	分册书名
1	电动潜油泵井机组未正常启动的诊断分析与处理
2	电动潜油泵井启动时过载停机的诊断分析与处理
3	电动潜油泵井启动时欠载停机的诊断分析与处理
4	电动潜油泵井排量效率低的诊断分析与处理
5	电动潜油泵井运行时过载停机的诊断分析与处理
6	电动潜油泵井运行时欠载停机的诊断分析与处理
7	电动潜油泵井运行电流偏高的诊断分析与处理
8	电动潜油泵井运行电流不平衡的诊断分析与处理
9	电动潜油泵井机械清蜡操作常见故障处理

选题策划：章卫兵
策划编辑：马海峰　李　中
责任编辑：王　瑞
责任校对：郭京平
封面设计：书蠹文化

采油工安全生产标准化操作丛书

- 安全防护用具使用（3个分册）
- 工具、用具、量具使用（11个分册）
- 采油工艺简介（5个分册）
- 抽油机井标准化操作（25个分册）
- 电动潜油泵井标准化操作（9个分册）
- 电动螺杆泵井标准化操作（12个分册）
- 注水井标准化操作（7个分册）
- 计量间标准化操作（5个分册）
- 抽油机井生产故障分析与处理（15个分册）
- 电动潜油泵井生产故障分析与处理（9个分册）
- 电动螺杆泵井生产故障分析与处理（16个分册）
- 注水井生产故障分析与处理（11个分册）
- 计量间生产故障分析与处理（6个分册）
- 现场应急救护（6个分册）

ISBN 978-7-5183-3242-7

9 787518 332427 >

定价：135.00元（全9册）

采油工安全生产标准化操作丛书

中国石油人事部
中国石油勘探与生产分公司 编

电动潜油泵井生产故障分析与处理 3

电动潜油泵井启动时欠载停机的诊断分析与处理

石油工业出版社

采油工安全生产标准化操作丛书

中国石油人事部
中国石油勘探与生产分公司 编

电动潜油泵井生产故障分析与处理 3

电动潜油泵井启动时欠载停机的诊断分析与处理

石油工業出版社

图书在版编目（CIP）数据

电动潜油泵井生产故障分析与处理 / 中国石油人事部，中国石油勘探与生产分公司编 .—北京：石油工业出版社，2019.5
（采油工安全生产标准化操作丛书）
ISBN 978-7-5183-3242-7

Ⅰ. ①电… Ⅱ. ①中… ②中… Ⅲ. ①电动潜油泵 - 故障诊断 - 技术操作规程 ②电动潜油泵 - 故障修复 - 技术操作规程 Ⅳ. ① TE933-65

中国版本图书馆 CIP 数据核字（2019）第 050473 号

出版发行：石油工业出版社
（北京安定门外安华里 2 区 1 号楼 100011）
网　址：www.petropub.com
编辑部：（010）64523541
图书营销中心：（010）64523633
经　　销：全国新华书店
印　　刷：北京中石油彩色印刷有限责任公司

2019 年 5 月第 1 版　2019 年 5 月第 1 次印刷
880 × 1230 毫米　开本：1/64　印张：5.6875
字数：90 千字

定价：135.00 元（全 9 册）
（如出现印装质量问题，我社图书营销中心负责调换）

《采油工安全生产标准化操作丛书》
编 委 会

《电动潜油泵井生产故障分析与处理 3
电动潜油泵井启动时欠载停机
的诊断分析与处理》

开发单位

中国石油天然气股份有限公司勘探与生产分公司

大庆油田有限责任公司人事部（党委组织部）

大庆油田有限责任公司开发部

大庆油田有限责任公司质量安全环保部

大庆油田有限责任公司第二采油厂

大庆油田有限责任公司第四采油厂

大庆油田有限责任公司第六采油厂

大庆油田有限责任公司文化集团

大庆油田有限责任公司人才开发院

大庆油田有限责任公司大庆医学高等专科学校

合作单位

长庆油田分公司

辽河油田分公司

新疆油田分公司

大港油田分公司

华北油田分公司

石油工业出版社

FOREWORD 序

“求木之长者，必固其根本；欲流之远者，必浚其泉源。”2017年，党中央、国务院印发了《新时期产业工人队伍建设改革方案》，明确指出，产业工人是工人阶级中发挥支撑作用的主体力量，是创造社会财富的中坚力量，是创新驱动发展的骨干力量，是实施制造强国战略的有生力量。同时提出，要造就一支有理想守信念、懂技术会创新、敢担当讲奉献的宏大的产业工人队伍。这充分体现了党和国家对产业工人队伍建设的关心支持。

中国石油牢固树立以人为本、质量至上、安全第一、环保优先的理念，坚持施行标准化操作作为保证安全生产、深化精细管理、实现

企业内涵发展的重要支撑。中国石油将提升员工技能水平作为抓好产业工人队伍建设的主攻方向，把标准化操作固化成基层单位和干部职工尤其是新员工的行为准则和工作标准，牢固树立“上标准岗、干标准活”的工作意识和理念，形成人人讲安全、人人会安全、人人都安全的良好局面。

守正笃实，久久为功。提升员工技能操作水平是一项长期而艰巨的任务，完善标准是基础，加强领导是保障，优化执行是根本。这需要大家积极推广标准化操作工作，不断加强和改进操作流程与标准，不断规范与完善标准化操作，引导广大员工全面提升对标准化操作的认知度，全面提升标准化操作执行力，规范本质化安全行为，推进各项工作上水平。

中国石油人事部和中国石油勘探与生产分公司共同组织编写的《采油工安全生产标准化

操作丛书》及配套的视频课件，包含中国石油各油气田单位通用性的140个基本操作，具有开发标准高、内容全面、注重安全风险、应用范围广、培训效果突出等方面优点。相对应的视频课件利用三维动画技术，通过分解、剖切等方式展示常规不可见的设备内部结构，让员工学习起来更加直观，是一套“看得懂、学得会、易掌握”的实用教材，真正做到了将“技术有形化”，填补了中国石油安全生产操作培训课件方面的空白，为进一步提升操作员工整体素质提供有力支撑。

目前，跨国公司员工培训已经进入了“互联网＋培训”的员工混合式培训阶段，以多终端应用设备为载体，展现多种资源，结合线下培训和社区化学习模式，以网络化应用进行培训评估，实现可规划路径的人才发展优化培训。这套丛书从生产实际出发，以满足需求为导向，

以促进员工养成标准化操作习惯为目标，实践性和针对性都很强。同时，大批专家的参与写作使教材的权威性有了保证。丛书配套的视频课件可以满足石油员工远程移动学习，也可以满足员工单机高清自学和集中学习。这样就形成了三位一体的员工培训模式，逐步迈入员工混合式培训阶段。希望这套丛书的出版发行，能为促进中国石油员工培训工作的深入开展，为促进员工操作技能水平的不断提升，为推动油气主业高质量发展，为实现中国石油建成世界一流综合性国际能源公司作出积极贡献。

中国石油天然气集团有限公司
总经理助理、人事部总经理 刘志华

Preface 前言

采油工是油田企业主体关键工种之一，在中国石油操作类员工中占比较大，采油工技能水平的高低，对油田的安全平稳生产起到至关重要的作用。为进一步提高采油工的基本素质和业务技能水平，中国石油人事部和中国石油勘探与生产分公司于2016年联合启动了采油工安全生产标准化操作视频培训课件开发项目，成立了课件编委会，委托大庆油田公司负责课件具体编制工作，并确定长庆、辽河、新疆、大港、华北5家油田公司和石油工业出版社，共同配合大庆油田做好视频培训课件编制工作。

课件开发过程中，大庆油田高度重视，按照“实际、实用、实效”的原则，专门成立了

课件开发工作领导组，组织公司人事部、开发部、安全环保部、第二采油厂、第四采油厂等9个部门和二级单位共同参与，共计抽调了100余名专家参与项目的研发设计。勘探与生产分公司加强过程监督和质量把控,针对开发方案、课件脚本、制作标准、课件样片等内容，按照不同工作节点先后组织三次大的集中审核会议，邀请中国石油各油田行业专家建言献策，为提高课件的通用性和实用性奠定坚实基础。大庆油田按照总体工作要求，历时两年，完成了视频培训课件的编制任务，并同步完成《采油工安全生产标准化操作丛书》的编写工作。本套丛书紧贴油田生产实际，以采油工岗位职责为依据，包含《安全防护用具使用》《工具、用具、量具使用》《采油工艺简介》《抽油机井标准化操作》《电动潜油泵井标准化操作》《电动螺杆泵井标准化操作》《注水井标准化操作》

《计量间标准化操作》《抽油机井生产故障分析与处理》《电动潜油泵井生产故障分析与处理》《电动螺杆泵井生产故障分析与处理》《注水井生产故障分析与处理》《计量间生产故障分析与处理》《现场应急救护》，共 14 种 140 个分册。本套丛书具有突出的实用性和规范性特点，可广泛用于新员工岗前培训、日常岗位练兵、鉴定考前培训、师徒帮带、技能竞赛等学习培训活动。

希望本套丛书能够为各石油企业提供借鉴，为今后采油工岗位培训的扎实有效开展提供有力保障。由于各油田在采油工艺、设备等方面存在差异性，书中难免有不足之处，敬请读者批评指正。

编者

2018 年 8 月

CONTENTS 目录

故障现象

电动潜油泵机组在启动运行时，电流卡片呈现运行电流快速下降，并很快出现“欠载停机”现象。

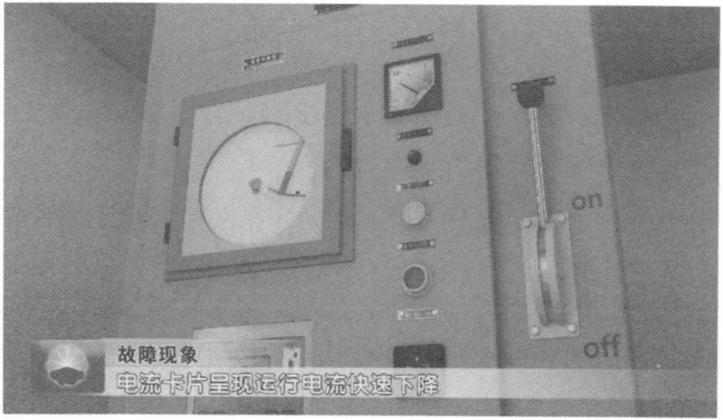

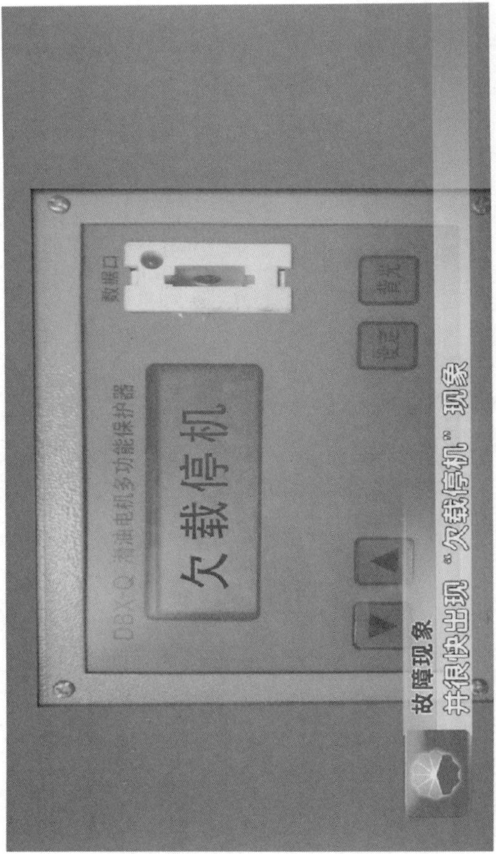
数据口
DBX-Q 潜油电机多功能保护器
欠载停机
故障现象
井很快出现"欠载停机"现象

故障原因

（1）套管防喷工具下移，使防喷开关未打开，井筒里井液被迅速抽空，导致运行电流快速下降并欠载停机。

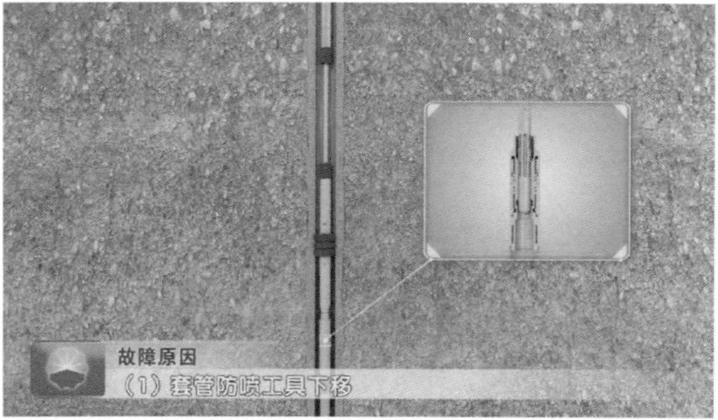

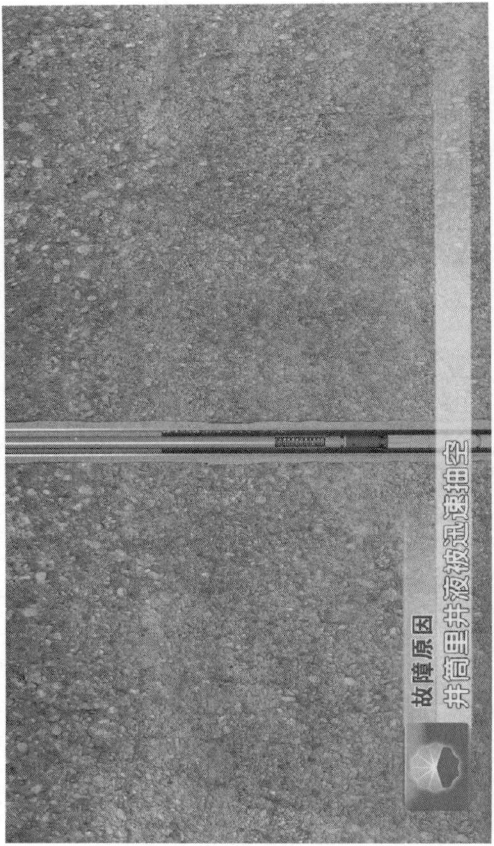
故障原因
井筒里井液被迅速抽空

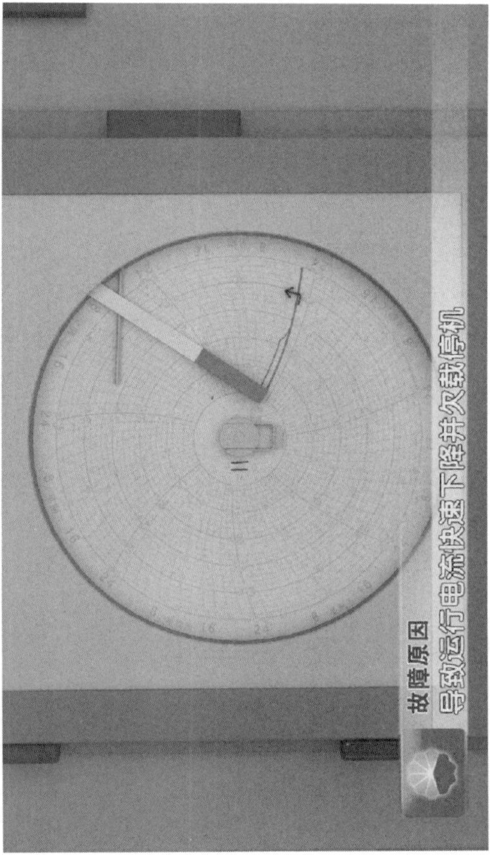
故障原因
导致运行电流快速下降并欠载停机

诊断方法：观察套压表显示无套压，打开套管放空阀后有倒吸气现象。

故障原因
打开套管放空阀后有倒吸气现象

（2）机组轴断：电动潜油泵机组启机瞬间，机组轴疲劳部位发生断裂，导致潜油电动机空载运行，发生欠载停机。

欠载停机
故障原因
导致潜油电动机空载运行

诊断方法：再次启动电动潜油泵，运行电流接近潜油电动机空载电流，则诊断为机组轴断。

处理方法

（1）套管防喷工具下移时，小修作业下放油管捅开防喷开关。

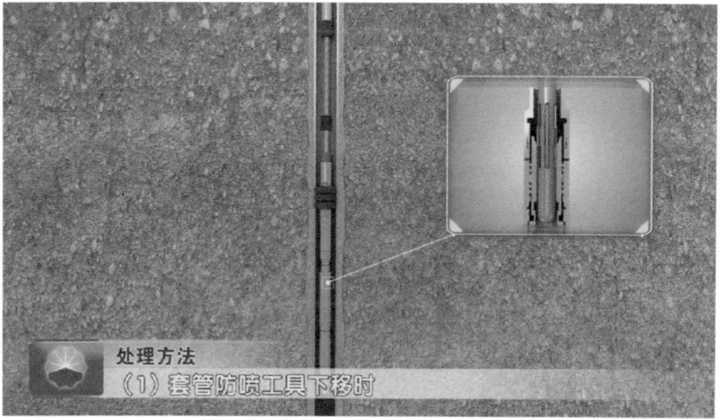

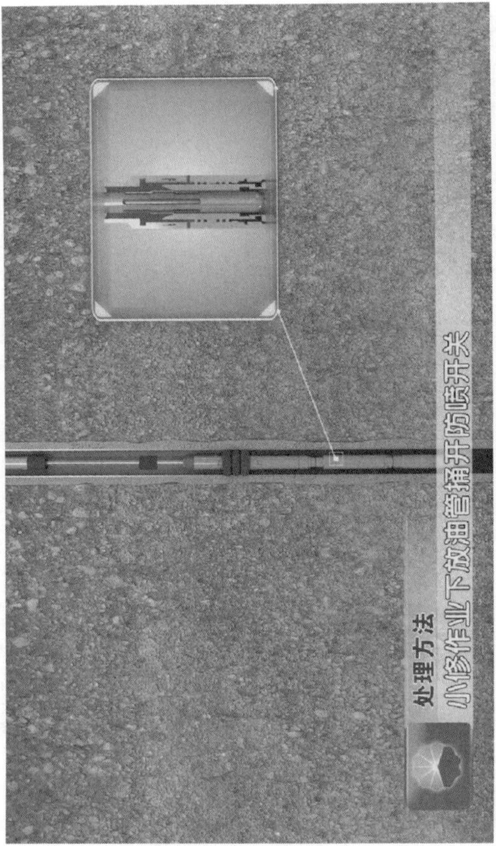
处理方法
小修作业下放油管捅开防喷开关

（2）机组轴断则检泵更换机组。

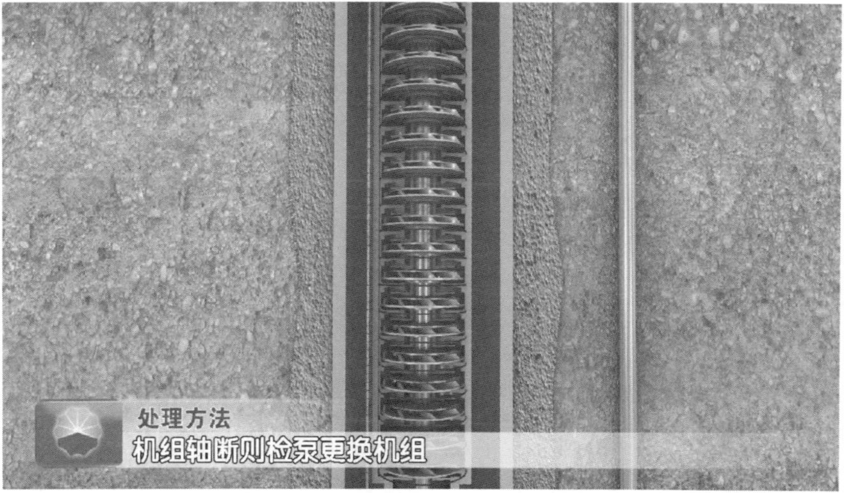

试 题

一、选择题（不限单选）

1. 当套管防喷工具未打开时，将出现哪些现象（　）。

A. 动液面迅速下降　B. 运行电流下降

C. 无套压　D. 欠载停机

二、判断题

1. 电动潜油泵机组轴断后，运行电流接近潜油电动机空载电流。（　）

2. 套管防喷工具未打开时，应检泵更换机组。（　）

试题参考答案

一、选择题

题号	1
答案	ABCD

二、判断题

题号	1	2
答案	√	×

《电动潜油泵井生产故障分析与处理》

分册序号	分册书名
1	电动潜油泵井机组未正常启动的诊断分析与处理
2	电动潜油泵井启动时过载停机的诊断分析与处理
3	电动潜油泵井启动时欠载停机的诊断分析与处理
4	电动潜油泵井排量效率低的诊断分析与处理
5	电动潜油泵井运行时过载停机的诊断分析与处理
6	电动潜油泵井运行时欠载停机的诊断分析与处理
7	电动潜油泵井运行电流偏高的诊断分析与处理
8	电动潜油泵井运行电流不平衡的诊断分析与处理
9	电动潜油泵井机械清蜡操作常见故障处理

选题策划：章卫兵
策划编辑：马海峰　李　中
责任编辑：王　瑞
责任校对：郭京平
封面设计：书蠹文化

采油工安全生产标准化操作丛书

- 安全防护用具使用（3个分册）
- 工具、用具、量具使用（11个分册）
- 采油工艺简介（5个分册）
- 抽油机井标准化操作（25个分册）
- 电动潜油泵井标准化操作（9个分册）
- 电动螺杆泵井标准化操作（12个分册）
- 注水井标准化操作（7个分册）
- 计量间标准化操作（5个分册）
- 抽油机井生产故障分析与处理（15个分册）
- 电动潜油泵井生产故障分析与处理（9个分册）
- 电动螺杆泵井生产故障分析与处理（16个分册）
- 注水井生产故障分析与处理（11个分册）
- 计量间生产故障分析与处理（6个分册）
- 现场应急救护（6个分册）

ISBN 978-7-5183-3242-7

定价：135.00元（全9册）

采油工安全生产标准化操作丛书

中国石油人事部
中国石油勘探与生产分公司 编

电动潜油泵井生产故障分析与处理 4

电动潜油泵井排量效率低的诊断分析与处理

石油工业出版社

采油工安全生产标准化操作丛书

中国石油人事部
中国石油勘探与生产分公司 编

电动潜油泵井生产故障分析与处理 4

电动潜油泵井排量效率低的诊断分析与处理

石油工業出版社

图书在版编目（CIP）数据

电动潜油泵井生产故障分析与处理 / 中国石油人事部，中国石油勘探与生产分公司编 .—北京：石油工业出版社，2019.5

（采油工安全生产标准化操作丛书）

ISBN 978-7-5183-3242-7

Ⅰ.①电…　Ⅱ.①中…　②中…　Ⅲ.①电动潜油泵 - 故障诊断 - 技术操作规程　②电动潜油泵 - 故障修复 - 技术操作规程　Ⅳ.① TE933-65

中国版本图书馆 CIP 数据核字（2019）第 050473 号

出版发行：石油工业出版社
（北京安定门外安华里 2 区 1 号楼 100011）
网　址：www.petropub.com
编辑部：（010）64523541
图书营销中心：（010）64523633
经　　销：全国新华书店
印　　刷：北京中石油彩色印刷有限责任公司

2019 年 5 月第 1 版　2019 年 5 月第 1 次印刷
880×1230 毫米　开本：1/64　印张：5.6875
字数：90 千字

定价：135.00 元（全 9 册）
（如出现印装质量问题，我社图书营销中心负责调换）

《采油工安全生产标准化操作丛书》编委会

《电动潜油泵井生产故障分析与处理 4 电动潜油泵井排量效率低的诊断分析与处理》

编 委 会

开发单位

中国石油天然气股份有限公司勘探与生产分公司

大庆油田有限责任公司人事部（党委组织部）

大庆油田有限责任公司开发部

大庆油田有限责任公司质量安全环保部

大庆油田有限责任公司第二采油厂

大庆油田有限责任公司第四采油厂

大庆油田有限责任公司第六采油厂

大庆油田有限责任公司文化集团

大庆油田有限责任公司人才开发院

大庆油田有限责任公司大庆医学高等专科学校

合作单位

长庆油田分公司

辽河油田分公司

新疆油田分公司

大港油田分公司

华北油田分公司

石油工业出版社

FOREWORD 序

“求木之长者，必固其根本；欲流之远者，必浚其泉源。”2017年，党中央、国务院印发了《新时期产业工人队伍建设改革方案》，明确指出，产业工人是工人阶级中发挥支撑作用的主体力量，是创造社会财富的中坚力量，是创新驱动发展的骨干力量，是实施制造强国战略的有生力量。同时提出，要造就一支有理想守信念、懂技术会创新、敢担当讲奉献的宏大的产业工人队伍。这充分体现了党和国家对产业工人队伍建设的关心支持。

中国石油牢固树立以人为本、质量至上、安全第一、环保优先的理念，坚持施行标准化操作作为保证安全生产、深化精细管理、实现

企业内涵发展的重要支撑。中国石油将提升员工技能水平作为抓好产业工人队伍建设的主攻方向，把标准化操作固化成基层单位和干部职工尤其是新员工的行为准则和工作标准，牢固树立“上标准岗、干标准活”的工作意识和理念，形成人人讲安全、人人会安全、人人都安全的良好局面。

守正笃实，久久为功。提升员工技能操作水平是一项长期而艰巨的任务，完善标准是基础，加强领导是保障，优化执行是根本。这需要大家积极推广标准化操作工作，不断加强和改进操作流程与标准，不断规范与完善标准化操作，引导广大员工全面提升对标准化操作的认知度，全面提升标准化操作执行力，规范本质化安全行为，推进各项工作上水平。

中国石油人事部和中国石油勘探与生产分公司共同组织编写的《采油工安全生产标准化

操作丛书》及配套的视频课件，包含中国石油各油气田单位通用性的140个基本操作，具有开发标准高、内容全面、注重安全风险、应用范围广、培训效果突出等方面优点。相对应的视频课件利用三维动画技术，通过分解、剖切等方式展示常规不可见的设备内部结构，让员工学习起来更加直观，是一套“看得懂、学得会、易掌握”的实用教材，真正做到了将“技术有形化”，填补了中国石油安全生产操作培训课件方面的空白，为进一步提升操作员工整体素质提供有力支撑。

目前，跨国公司员工培训已经进入了“互联网+培训”的员工混合式培训阶段，以多终端应用设备为载体，展现多种资源，结合线下培训和社区化学习模式，以网络化应用进行培训评估，实现可规划路径的人才发展优化培训。这套丛书从生产实际出发，以满足需求为导向，

以促进员工养成标准化操作习惯为目标，实践性和针对性都很强。同时，大批专家的参与写作使教材的权威性有了保证。丛书配套的视频课件可以满足石油员工远程移动学习，也可以满足员工单机高清自学和集中学习。这样就形成了三位一体的员工培训模式，逐步迈入员工混合式培训阶段。希望这套丛书的出版发行，能为促进中国石油员工培训工作的深入开展，为促进员工操作技能水平的不断提升，为推动油气主业高质量发展，为实现中国石油建成世界一流综合性国际能源公司作出积极贡献。

中国石油天然气集团有限公司
总经理助理、人事部总经理 刘志华

PREFACE 前言

采油工是油田企业主体关键工种之一，在中国石油操作类员工中占比较大，采油工技能水平的高低，对油田的安全平稳生产起到至关重要的作用。为进一步提高采油工的基本素质和业务技能水平，中国石油人事部和中国石油勘探与生产分公司于2016年联合启动了采油工安全生产标准化操作视频培训课件开发项目，成立了课件编委会，委托大庆油田公司负责课件具体编制工作，并确定长庆、辽河、新疆、大港、华北5家油田公司和石油工业出版社，共同配合大庆油田做好视频培训课件编制工作。

课件开发过程中，大庆油田高度重视，按照“实际、实用、实效”的原则，专门成立了

课件开发工作领导组，组织公司人事部、开发部、安全环保部、第二采油厂、第四采油厂等 9 个部门和二级单位共同参与，共计抽调了 100 余名专家参与项目的研发设计。勘探与生产分公司加强过程监督和质量把控，针对开发方案、课件脚本、制作标准、课件样片等内容，按照不同工作节点先后组织三次大的集中审核会议，邀请中国石油各油田行业专家建言献策，为提高课件的通用性和实用性奠定坚实基础。大庆油田按照总体工作要求，历时两年，完成了视频培训课件的编制任务，并同步完成《采油工安全生产标准化操作丛书》的编写工作。本套丛书紧贴油田生产实际，以采油工岗位职责为依据，包含《安全防护用具使用》《工具、用具、量具使用》《采油工艺简介》《抽油机井标准化操作》《电动潜油泵井标准化操作》《电动螺杆泵井标准化操作》《注水井标准化操作》

《计量间标准化操作》《抽油机井生产故障分析与处理》《电动潜油泵井生产故障分析与处理》《电动螺杆泵井生产故障分析与处理》《注水井生产故障分析与处理》《计量间生产故障分析与处理》《现场应急救护》，共 14 种 140 个分册。本套丛书具有突出的实用性和规范性特点，可广泛用于新员工岗前培训、日常岗位练兵、鉴定考前培训、师徒帮带、技能竞赛等学习培训活动。

希望本套丛书能够为各石油企业提供借鉴，为今后采油工岗位培训的扎实有效开展提供有力保障。由于各油田在采油工艺、设备等方面存在差异性，书中难免有不足之处，敬请读者批评指正。

编者

2018 年 8 月

CONTENTS 目录

故障现象

电动潜油泵井在生产过程中，出现产液量下降现象，当电动潜油泵机组排量效率低于合理区间下限时，流经潜油电动机表面的井液量减少，影响潜油电动机散热，加快绝缘老化速度，降低电动潜油泵机组运行寿命。

故障原因

（1）地层供液能力下降：连通注入井注入量减少或停注、连通油井提液、地层堵塞均会导致地层供液能力下降，导致排量效率降低。

地层堵塞
故障原因
地层堵塞均会导致地层供液能力下降

诊断方法：同步量油、监测动液面、观察电流卡片综合诊断。量油值、动液面、运行电流同步下降即为地层供液能力下降。

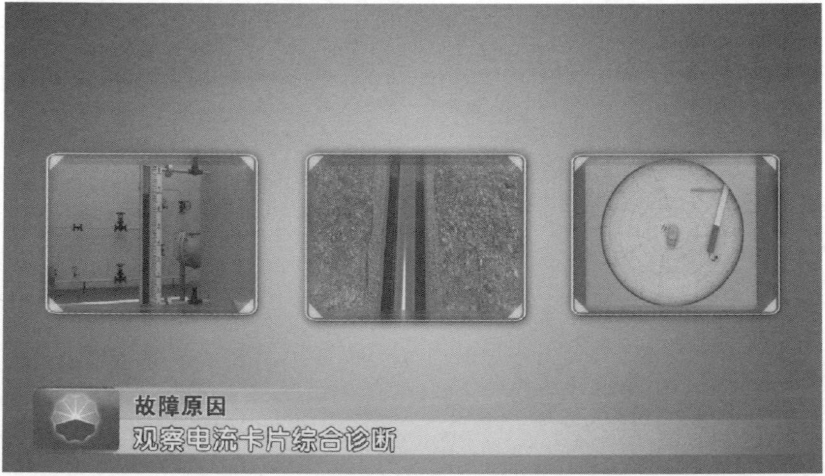

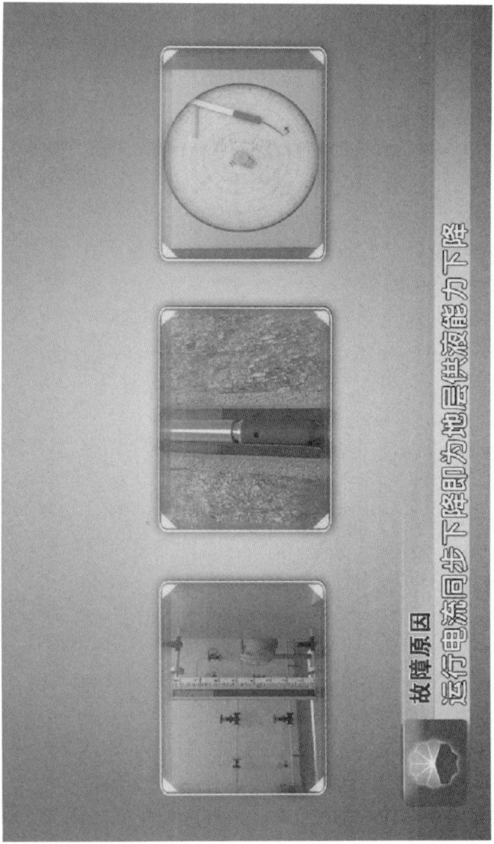
故障原因
运行电流同步下降即为地层供液能力下降

（2）油管内壁结蜡、油嘴处杂质堵塞或地面回油管线堵塞，使井液流动阻力增大，导致排量效率低、运行电流升高，可进一步通过观察油压、回压变化诊断堵塞位置。

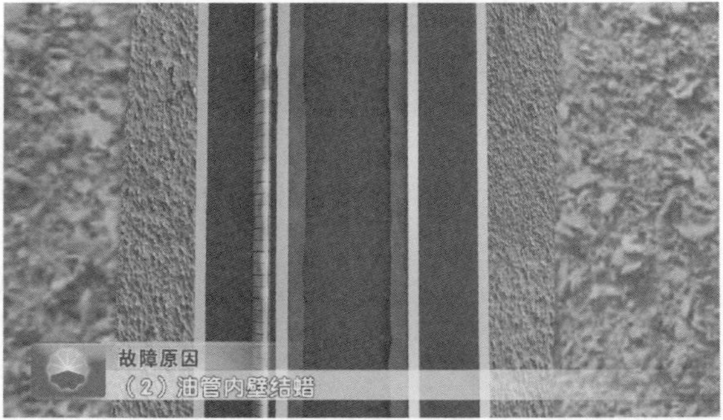

故障原因
油嘴处杂质堵塞或地面回油管线堵塞

故障原因
导致排量效率低

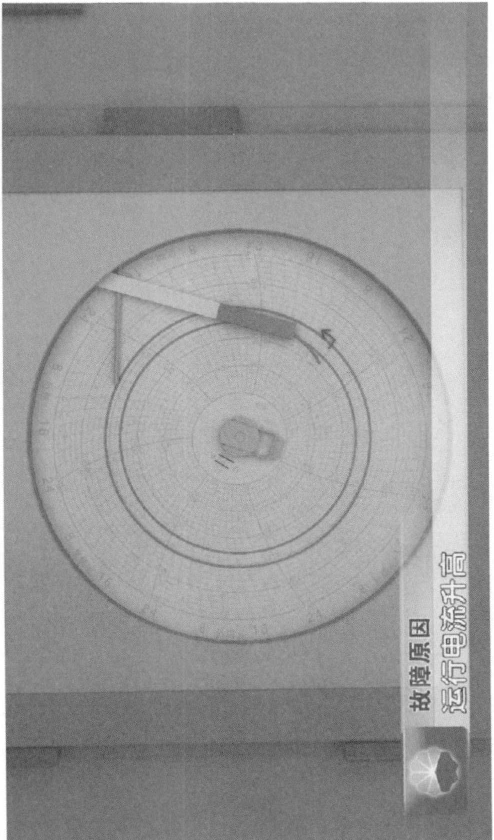
故障原因
运行电流升高

6-28
故障原因
可进一步通过观察油压、回压变化诊断堵塞位置诊断方法：若油压、回压均上升，则诊断为地面回油管线堵塞。

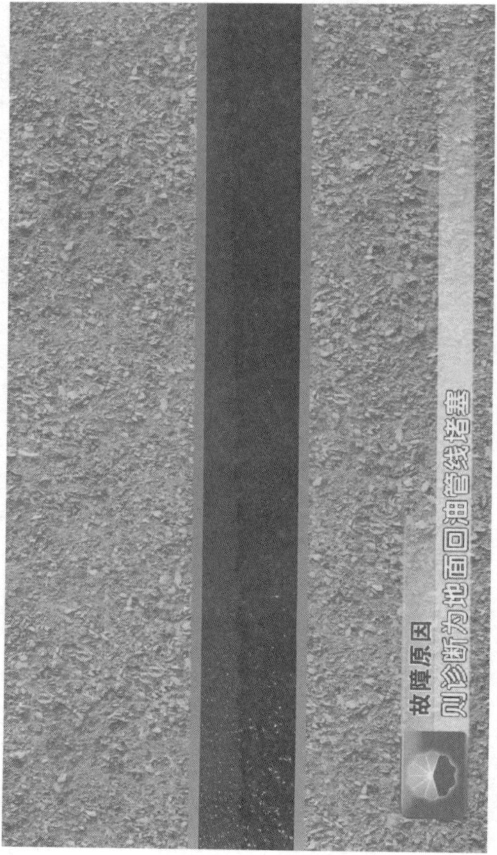
故障原因
则诊断为地面回油管线堵塞

若油压上升、回压下降，则诊断为油嘴处杂物堵塞。

故障原因
则诊断为油嘴处杂物堵塞

若油压、回压均下降，则诊断为油管结蜡。

故障原因
则诊断为油管结蜡

（3）油管漏失：油管内井液从漏点返回油套环形空间，导致排量效率降低。

诊断方法：井口憋压观察诊断，油压不上升或上升速度较慢，停机后稳不住压，则诊断为油管漏失。若近期采取测压措施，一般为测压阀阀芯未复位导致。

故障原因
停机后稳不住压
压力表
MPa

故障原因
则诊断为油管漏失
压力表
MPa

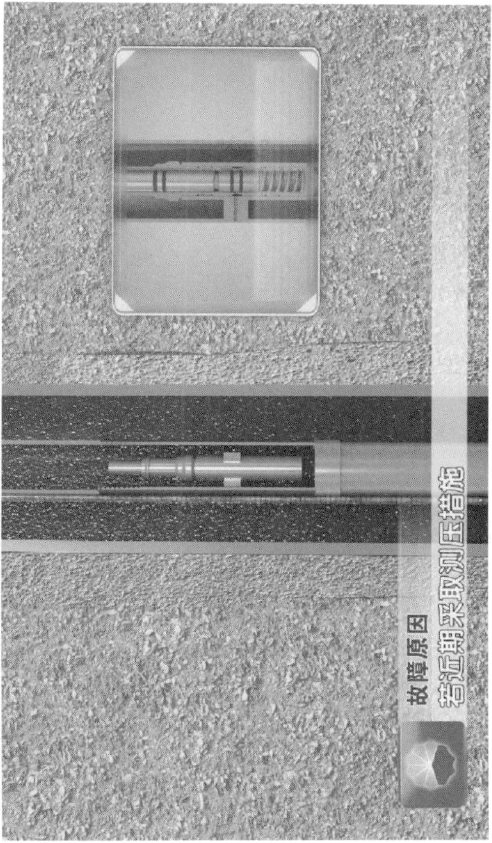

故障原因
若近期采取测压措施

故障原因
一般为测压阀阀芯未复位导致

（4）潜油离心泵故障：潜油离心泵壳体漏、叶轮磨损、键槽滚键，均可导致排量效率降低。

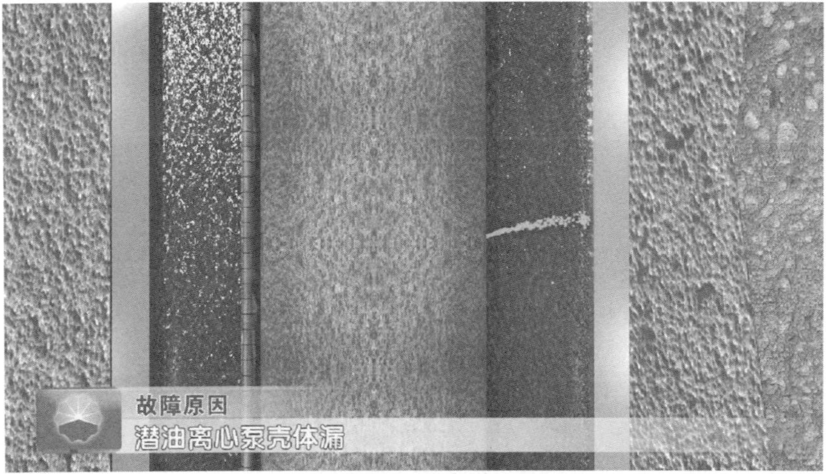

故障原因
叶轮磨损

故障原因
键槽滚键

故障原因
均可导致排量效率降低

诊断方法：井口憋压观察诊断，压力上升速度较慢，由于泵出口安装了单流阀，停机后能稳住压则诊断为潜油离心泵故障。

故障原因
停机后能稳住压力则诊断为潜油离心泵故障

（5）聚驱井井液黏度大：黏稠井液与潜油离心泵叶轮、油管内壁的摩擦阻力增大，流动性变差，导致排量效率降低、运行电流升高。

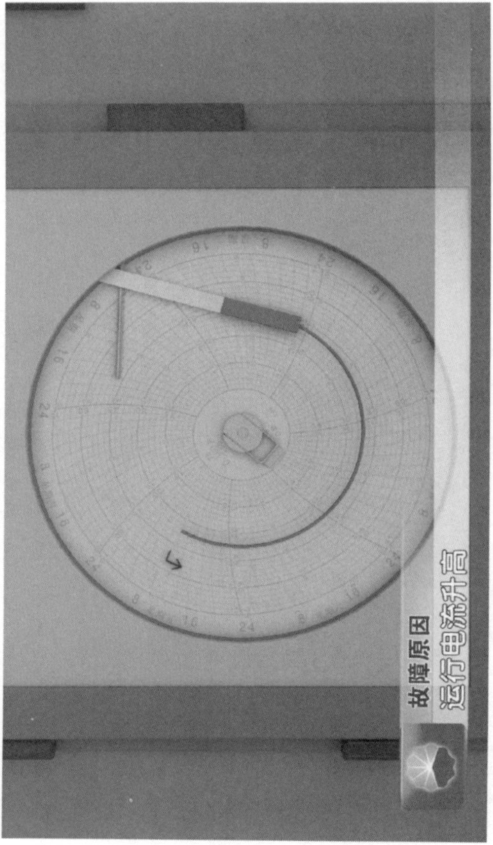
故障原因
运行电流升高

诊断方法：井口憋压观察诊断，压力上升且停机后能稳住压，进一步校验采出液黏度确定。

故障原因
进一步校验采出液黏度确定

处理方法

（1）地层供液能力下降时，方式一：增加连通注入井注入量。

方式二：更换变频控制柜，降低电动潜油泵转速，减少泵理论排量。

（2）油管结蜡时，及时采取机械清蜡措施。

油嘴堵塞时，及时清理油嘴内杂物。

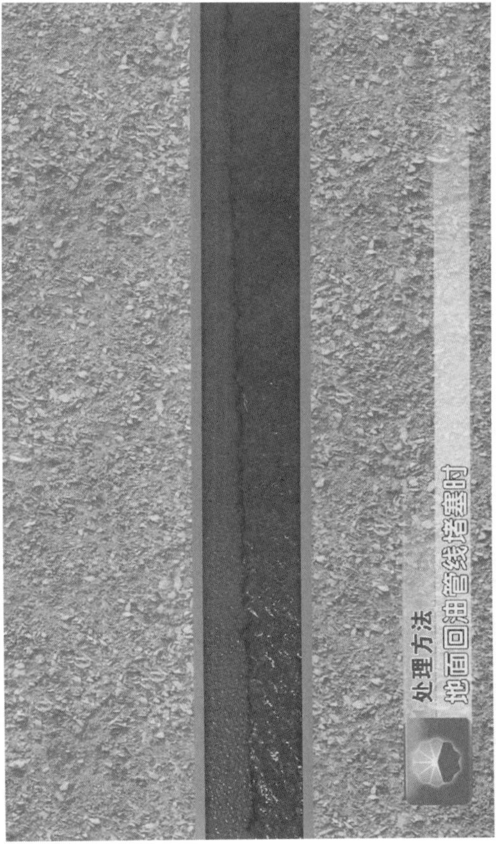

地面回油管线堵塞时，及时上报解堵。

（3）油管漏失时，则上报检泵作业；测压阀漏失则投捞更换测压阀阀芯。

（4）潜油离心泵故障则检泵更换机组。

（5）井液黏度过大时，采取掺水降黏措施维持生产，再次检泵时，应用宽流道抽聚电动潜油泵机组。

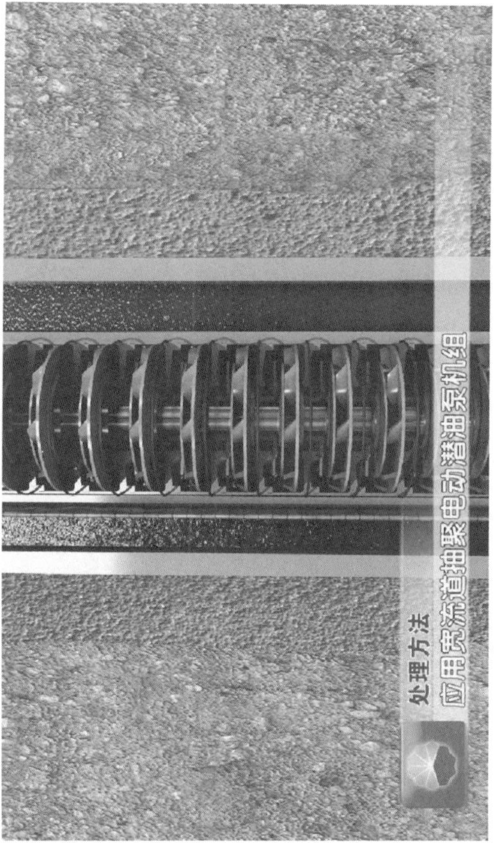
处理方法
应用宽流道抽聚电动潜油泵机组

试　题

一、选择题（不限单选）

1. 以下哪些原因会导致电动潜油泵井排量效率降低（　）。

A. 地层供液能力下降　　B. 油管漏失

C. 油管结蜡　　D. 井液黏度增大

2. 地层供液能力下降后，以下说法正确的是（　）。

A. 运行电流升高　　B. 动液面下降

C. 产液量降低　　D. 油压升高

3. 油管内壁结蜡后，以下说法正确的是（　）。

A. 运行电流升高　　B. 产液量下降

C. 油压上升　　D. 回压上升

4. 井下潜油离心泵发生哪些故障可导致排

量效率降低（ ）。

A. 泵壳体漏 B. 叶轮磨损

C. 键槽滚键 D. 卡泵

5. 以下哪种情况必须采取检泵措施（ ）。

A. 泵漏失 B. 油管漏失

C. 油管内壁结蜡 D. 测压阀漏失

二、判断题

1. 地面回油管线堵塞后，将导致油压、回压均上升。（ ）

2. 油嘴堵塞后，将导致油压上升、回压下降。（ ）

3. 井口憋压诊断泵况时，若能稳压，则为油管漏失。（ ）

试题参考答案

一、选择题

题号	1	2	3	4	5
答案	ABCD	BC	AB	ABC	AB

二、判断题

题号	1	2	3
答案	√	√	×

解析：由于泵出口处安装了单流阀，若能稳住压则为泵漏失，稳不住压才是油管漏失。

《电动潜油泵井生产故障分析与处理》

分册序号	分册书名
1	电动潜油泵井机组未正常启动的诊断分析与处理
2	电动潜油泵井启动时过载停机的诊断分析与处理
3	电动潜油泵井启动时欠载停机的诊断分析与处理
4	电动潜油泵井排量效率低的诊断分析与处理
5	电动潜油泵井运行时过载停机的诊断分析与处理
6	电动潜油泵井运行时欠载停机的诊断分析与处理
7	电动潜油泵井运行电流偏高的诊断分析与处理
8	电动潜油泵井运行电流不平衡的诊断分析与处理
9	电动潜油泵井机械清蜡操作常见故障处理

选题策划：章卫兵
策划编辑：马海峰　李　中
责任编辑：王　瑞
责任校对：郭京平
封面设计：书蠹文化

采油工安全生产标准化操作丛书

- 安全防护用具使用（3个分册）
- 工具、用具、量具使用（11个分册）
- 采油工艺简介（5个分册）
- 抽油机井标准化操作（25个分册）
- 电动潜油泵井标准化操作（9个分册）
- 电动螺杆泵井标准化操作（12个分册）
- 注水井标准化操作（7个分册）
- 计量间标准化操作（5个分册）
- 抽油机井生产故障分析与处理（15个分册）
- 电动潜油泵井生产故障分析与处理（9个分册）
- 电动螺杆泵井生产故障分析与处理（16个分册）
- 注水井生产故障分析与处理（11个分册）
- 计量间生产故障分析与处理（6个分册）
- 现场应急救护（6个分册）

ISBN 978-7-5183-3242-
9 787518 332427

定价：135.00元（全9册）

采油工安全生产标准化操作丛书

中国石油人事部
中国石油勘探与生产分公司 编

电动潜油泵井生产故障分析与处理 5

电动潜油泵井运行时过载停机的诊断分析与处理

石油工业出版社

采油工安全生产标准化操作丛书

中国石油人事部
中国石油勘探与生产分公司 编

电动潜油泵井生产故障分析与处理 5

电动潜油泵井运行时过载停机的诊断分析与处理

石油工業出版社

图书在版编目（CIP）数据

电动潜油泵井生产故障分析与处理 / 中国石油人事部，中国石油勘探与生产分公司编 .—北京：石油工业出版社，2019.5
（采油工安全生产标准化操作丛书）
ISBN 978-7-5183-3242-7

Ⅰ.①电… Ⅱ.①中… ②中… Ⅲ.①电动潜油泵－故障诊断－技术操作规程 ②电动潜油泵－故障修复－技术操作规程 Ⅳ.① TE933-65

中国版本图书馆 CIP 数据核字（2019）第 050473 号

出版发行：石油工业出版社
（北京安定门外安华里 2 区 1 号楼 100011）
网　址：www.petropub.com
编辑部：（010）64523541
图书营销中心：（010）64523633
经　　销：全国新华书店
印　　刷：北京中石油彩色印刷有限责任公司

2019 年 5 月第 1 版　2019 年 5 月第 1 次印刷
880×1230 毫米　开本：1/64　印张：5.6875
字数：90 千字

定价：135.00 元（全 9 册）
（如出现印装质量问题，我社图书营销中心负责调换）

《采油工安全生产标准化操作丛书》
编 委 会

《电动潜油泵井生产故障分析与处理 5 电动潜油泵井运行时过载停机的诊断分析与处理》

编 委 会

主　编：吴　奇

副主编：梁　猛　姚立冬　袁　月

委　员：郑焕军　张学斌　饶　华

张志宇　任立新　郑　峰

李欣宇　李　涛　邱雨婷

开发单位

中国石油天然气股份有限公司勘探与生产分公司

大庆油田有限责任公司人事部(党委组织部)

大庆油田有限责任公司开发部

大庆油田有限责任公司质量安全环保部

大庆油田有限责任公司第二采油厂

大庆油田有限责任公司第四采油厂

大庆油田有限责任公司第六采油厂

大庆油田有限责任公司文化集团

大庆油田有限责任公司人才开发院

大庆油田有限责任公司大庆医学高等专科学校

合作单位

长庆油田分公司

辽河油田分公司

新疆油田分公司

大港油田分公司

华北油田分公司

石油工业出版社

FOREWORD 序

“求木之长者，必固其根本；欲流之远者，必浚其泉源。”2017 年，党中央、国务院印发了《新时期产业工人队伍建设改革方案》，明确指出，产业工人是工人阶级中发挥支撑作用的主体力量，是创造社会财富的中坚力量，是创新驱动发展的骨干力量，是实施制造强国战略的有生力量。同时提出，要造就一支有理想守信念、懂技术会创新、敢担当讲奉献的宏大的产业工人队伍。这充分体现了党和国家对产业工人队伍建设的关心支持。

中国石油牢固树立以人为本、质量至上、安全第一、环保优先的理念，坚持施行标准化操作作为保证安全生产、深化精细管理、实现

企业内涵发展的重要支撑。中国石油将提升员工技能水平作为抓好产业工人队伍建设的主攻方向，把标准化操作固化成基层单位和干部职工尤其是新员工的行为准则和工作标准，牢固树立“上标准岗、干标准活”的工作意识和理念，形成人人讲安全、人人会安全、人人都安全的良好局面。

守正笃实，久久为功。提升员工技能操作水平是一项长期而艰巨的任务，完善标准是基础，加强领导是保障，优化执行是根本。这需要大家积极推广标准化操作工作，不断加强和改进操作流程与标准，不断规范与完善标准化操作，引导广大员工全面提升对标准化操作的认知度，全面提升标准化操作执行力，规范本质化安全行为，推进各项工作上水平。

中国石油人事部和中国石油勘探与生产分公司共同组织编写的《采油工安全生产标准化

操作丛书》及配套的视频课件，包含中国石油各油气田单位通用性的140个基本操作，具有开发标准高、内容全面、注重安全风险、应用范围广、培训效果突出等方面优点。相对应的视频课件利用三维动画技术，通过分解、剖切等方式展示常规不可见的设备内部结构，让员工学习起来更加直观，是一套“看得懂、学得会、易掌握”的实用教材，真正做到了将“技术有形化”，填补了中国石油安全生产操作培训课件方面的空白，为进一步提升操作员工整体素质提供有力支撑。

目前，跨国公司员工培训已经进入了“互联网 + 培训”的员工混合式培训阶段，以多终端应用设备为载体，展现多种资源，结合线下培训和社区化学习模式，以网络化应用进行培训评估，实现可规划路径的人才发展优化培训。这套丛书从生产实际出发，以满足需求为导向，

以促进员工养成标准化操作习惯为目标，实践性和针对性都很强。同时，大批专家的参与写作使教材的权威性有了保证。丛书配套的视频课件可以满足石油员工远程移动学习，也可以满足员工单机高清自学和集中学习。这样就形成了三位一体的员工培训模式，逐步迈入员工混合式培训阶段。希望这套丛书的出版发行，能为促进中国石油员工培训工作的深入开展，为促进员工操作技能水平的不断提升，为推动油气主业高质量发展，为实现中国石油建成世界一流综合性国际能源公司作出积极贡献。

中国石油天然气集团有限公司
总经理助理、人事部总经理
刘志华

PREFACE 前言

采油工是油田企业主体关键工种之一，在中国石油操作类员工中占比较大，采油工技能水平的高低，对油田的安全平稳生产起到至关重要的作用。为进一步提高采油工的基本素质和业务技能水平，中国石油人事部和中国石油勘探与生产分公司于2016年联合启动了采油工安全生产标准化操作视频培训课件开发项目，成立了课件编委会，委托大庆油田公司负责课件具体编制工作，并确定长庆、辽河、新疆、大港、华北5家油田公司和石油工业出版社，共同配合大庆油田做好视频培训课件编制工作。

课件开发过程中，大庆油田高度重视，按照“实际、实用、实效”的原则，专门成立了

课件开发工作领导组，组织公司人事部、开发部、安全环保部、第二采油厂、第四采油厂等9个部门和二级单位共同参与，共计抽调了100余名专家参与项目的研发设计。勘探与生产分公司加强过程监督和质量把控,针对开发方案、课件脚本、制作标准、课件样片等内容，按照不同工作节点先后组织三次大的集中审核会议，邀请中国石油各油田行业专家建言献策，为提高课件的通用性和实用性奠定坚实基础。大庆油田按照总体工作要求，历时两年，完成了视频培训课件的编制任务，并同步完成《采油工安全生产标准化操作丛书》的编写工作。本套丛书紧贴油田生产实际，以采油工岗位职责为依据，包含《安全防护用具使用》《工具、用具、量具使用》《采油工艺简介》《抽油机井标准化操作》《电动潜油泵井标准化操作》《电动螺杆泵井标准化操作》《注水井标准化操作》

《计量间标准化操作》《抽油机井生产故障分析与处理》《电动潜油泵井生产故障分析与处理》《电动螺杆泵井生产故障分析与处理》《注水井生产故障分析与处理》《计量间生产故障分析与处理》《现场应急救护》，共14种140个分册。本套丛书具有突出的实用性和规范性特点，可广泛用于新员工岗前培训、日常岗位练兵、鉴定考前培训、师徒帮带、技能竞赛等学习培训活动。

希望本套丛书能够为各石油企业提供借鉴，为今后采油工岗位培训的扎实有效开展提供有力保障。由于各油田在采油工艺、设备等方面存在差异性，书中难免有不足之处，敬请读者批评指正。

编者

2018年8月

CONTENTS 目录

故障现象

电动潜油泵机组运行过程中，电流卡片显示运行电流上升，超过过载电流保护值时，记录仪指针回归基线，中心控制器显示“过载停机”。

故障原因

（1）高压熔断器熔断导致电压缺相造成过载停机。

（2）泥沙、杂质影响：当井液中含有泥沙或杂质时，增大潜油离心泵叶轮摩擦阻力，使潜油电动机负载升高，造成过载停机，甚至卡泵。

诊断方法：观察电流卡片，呈现电动潜油泵受泥沙、杂质影响特征电流曲线，洗井后现象缓解或消除，则为泥沙、杂质影响。

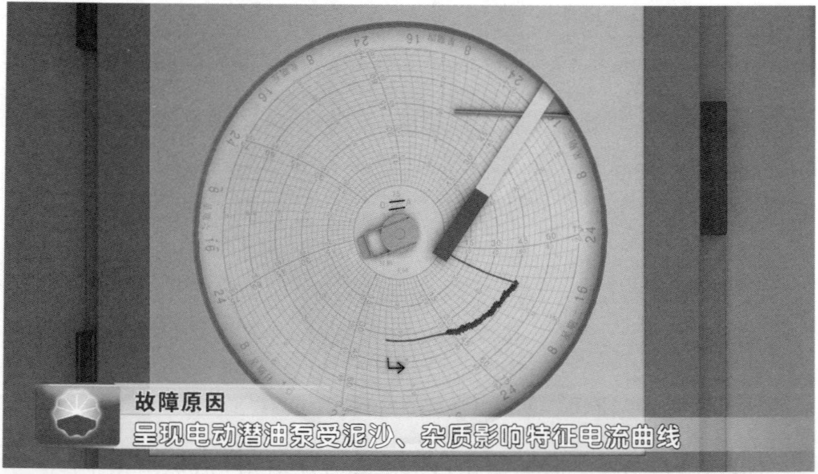

（3）电压波动：电压波动导致运行电流波动，发生过载停机。

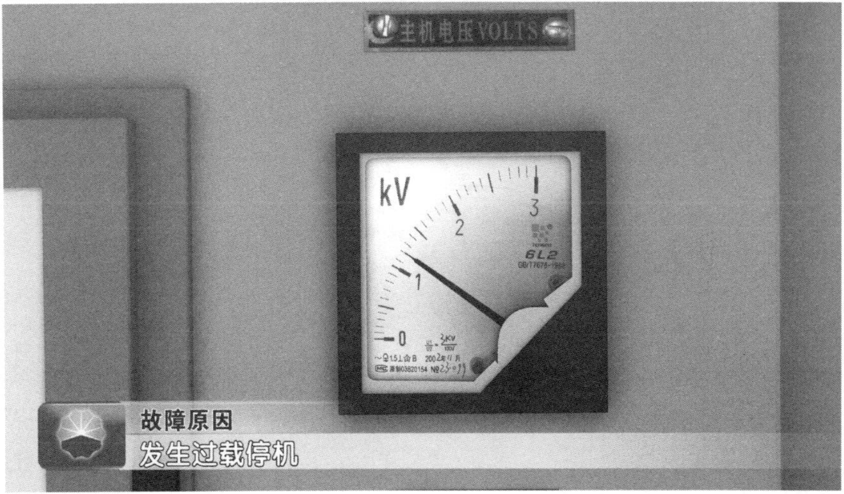

诊断方法：观察电流卡片，呈现“电压波动”特征电流曲线。

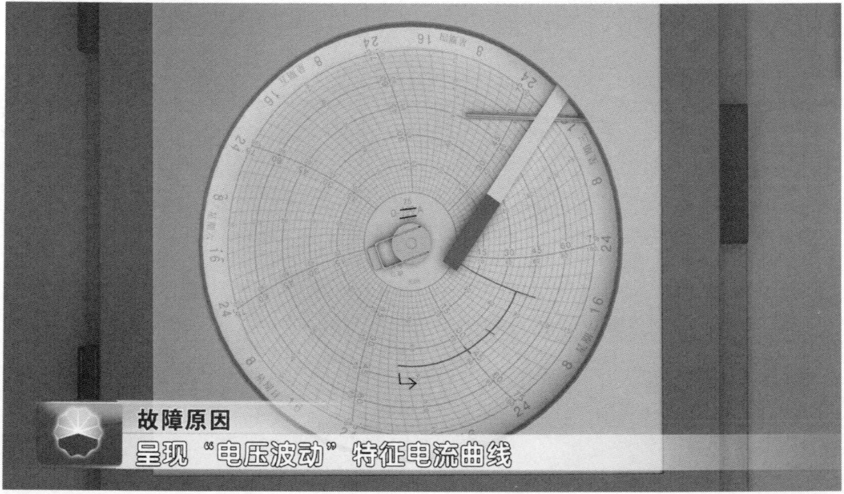

（4）井下电气故障：潜油电动机、电动机电缆接头、潜油电缆损坏均会导致过载停机。

诊断方法：应用万用表测量机组相间直流电阻，相间直流电阻不平衡，说明井下电气系统短路或断路；应用2500V兆欧表测量机组对地绝缘电阻，对地绝缘电阻低或为零，说明绝缘损坏或击穿。

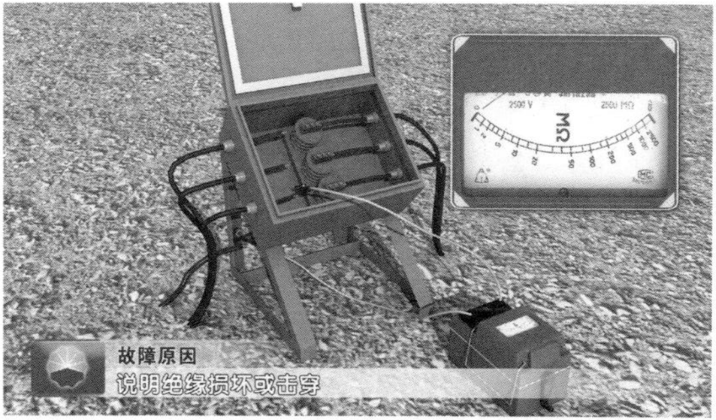

相间直流电阻不平衡度计算公式：

$$C=\frac{|R_{x}-R_{平均}|}{R_{平均}}\times 100.0\%$$

式中　C——相间直流电阻不平衡度；

R_{x}(R_{AB}、R_{BC}、R_{CA})——实测相间直流电阻值；

$R_{平均}=(R_{AB}+R_{BC}+R_{CA})/3$——相间直流电阻平均值。

注：相间直流电阻不平衡度超过 2.0% 即为不平衡。

（5）机组机械故障：机组机械部件疲劳破裂形成硬卡，导致过载停机。

诊断方法：排除电气故障后，洗井后重新启动仍过载停机，则为机组机械故障。

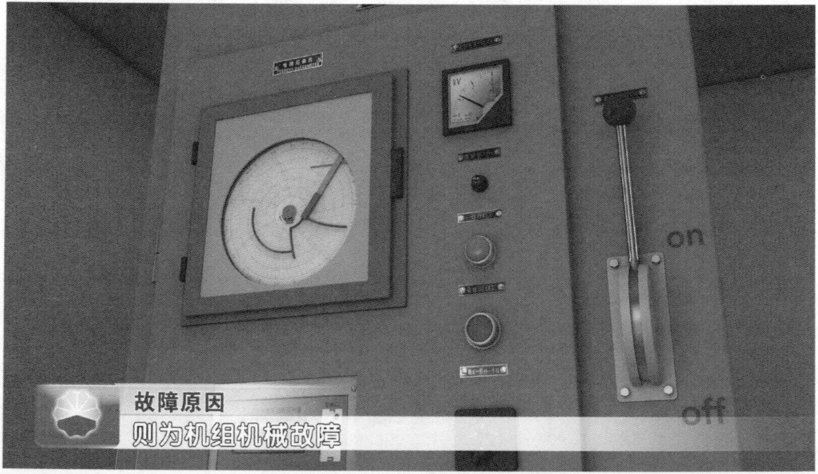

处理方法

（1）高压熔断器熔断时，更换高压熔断器。

（2）泥沙、杂质影响时，大排量洗井排出泵内泥沙、杂质，启机后电流曲线回归正常则维持生产；现象反复出现，则应用防砂机组或转为其他举升方式。

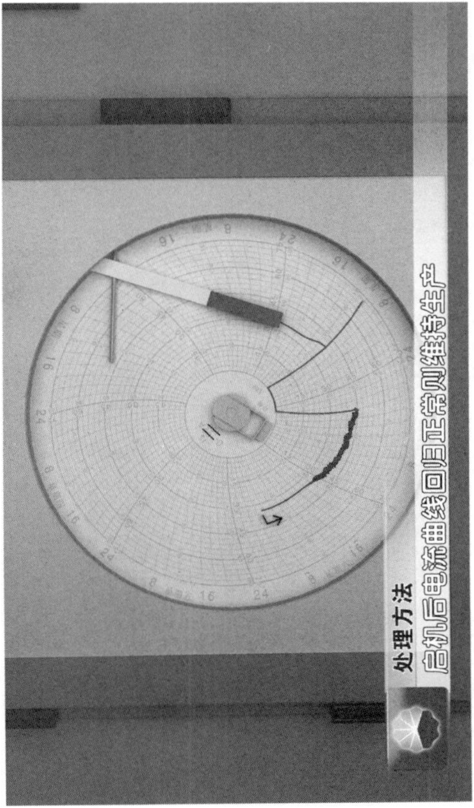
处理方法
启机后电流曲线回归正常则维持生产

（3）电压波动时，待电压稳定后启机生产。

（4）井下电气故障、机组机械故障均需检泵作业。

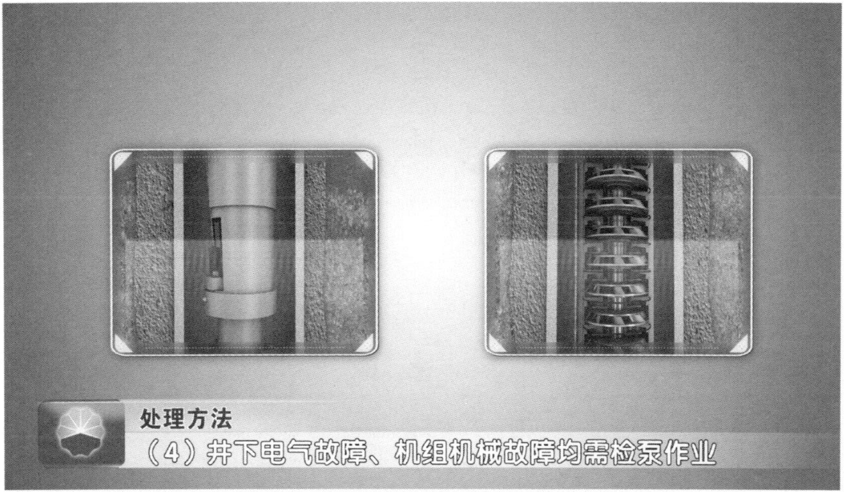

试　题

一、选择题（不限单选）

1. 电动潜油泵机组相间直流电阻不平衡度超过（　）即为不平衡。

A.1.0%　　　　B.2.0%

C.3.0%　　　　D.5.0%

2. 以下哪些故障可导致电动潜油泵井在运行过程中发生过载停机（　）。

A. 高压熔断器熔断

B. 泵内进入杂质

C. 供电线路电压波动

D. 井下电缆绝缘击穿

3. 以下哪些故障须上报检泵（　）。

A. 泵内进入杂质

B. 供电网络电压波动

C. 井下电缆绝缘击穿

D. 机组部件疲劳断裂

二、判断题

1. 供电线路电压发生波动时，必须待电压稳定后才能启机生产。（ ）

2. 泥沙或杂质影响严重时，可发生卡泵现象。（ ）

试题参考答案

一、选择题

题号	1	2	3
答案	B	ABCD	CD

二、判断题

题号	1	2
答案	√	√

《电动潜油泵井生产故障分析与处理》

分册序号	分册书名
1	电动潜油泵井机组未正常启动的诊断分析与处理
2	电动潜油泵井启动时过载停机的诊断分析与处理
3	电动潜油泵井启动时欠载停机的诊断分析与处理
4	电动潜油泵井排量效率低的诊断分析与处理
5	电动潜油泵井运行时过载停机的诊断分析与处理
6	电动潜油泵井运行时欠载停机的诊断分析与处理
7	电动潜油泵井运行电流偏高的诊断分析与处理
8	电动潜油泵井运行电流不平衡的诊断分析与处理
9	电动潜油泵井机械清蜡操作常见故障处理

选题策划：章卫兵
策划编辑：马海峰　李　中
责任编辑：王　瑞
责任校对：郭京平
封面设计：书蠹文化

采油工安全生产标准化操作丛书

- 安全防护用具使用（3个分册）
- 工具、用具、量具使用（11个分册）
- 采油工艺简介（5个分册）
- 抽油机井标准化操作（25个分册）
- 电动潜油泵井标准化操作（9个分册）
- 电动螺杆泵井标准化操作（12个分册）
- 注水井标准化操作（7个分册）
- 计量间标准化操作（5个分册）
- 抽油机井生产故障分析与处理（15个分册）
- 电动潜油泵井生产故障分析与处理（9个分册）
- 电动螺杆泵井生产故障分析与处理（16个分册）
- 注水井生产故障分析与处理（11个分册）
- 计量间生产故障分析与处理（6个分册）
- 现场应急救护（6个分册）

ISBN 978-7-5183-3242-7

9 787518 332427 >

定价：135.00元（全9册）

采油工安全生产标准化操作丛书

中国石油人事部
中国石油勘探与生产分公司 编

电动潜油泵井生产故障分析与处理 6

电动潜油泵井运行时欠载停机的诊断分析与处理

石油工业出版社

采油工安全生产标准化操作丛书

中国石油人事部
中国石油勘探与生产分公司 编

电动潜油泵井生产故障分析与处理 6

电动潜油泵井运行时欠载停机的诊断分析与处理

石油工业出版社

图书在版编目（CIP）数据

电动潜油泵井生产故障分析与处理 / 中国石油人事部，中国石油勘探与生产分公司编 .—北京：石油工业出版社，2019.5
（采油工安全生产标准化操作丛书）
ISBN 978-7-5183-3242-7

Ⅰ.①电… Ⅱ.①中… ②中… Ⅲ.①电动潜油泵－故障诊断－技术操作规程 ②电动潜油泵－故障修复－技术操作规程 Ⅳ.① TE933-65

中国版本图书馆 CIP 数据核字（2019）第 050473 号

出版发行：石油工业出版社
（北京安定门外安华里 2 区 1 号楼 100011）
网　址：www.petropub.com
编辑部：（010）64523541
图书营销中心：（010）64523633
经　　销：全国新华书店
印　　刷：北京中石油彩色印刷有限责任公司

2019 年 5 月第 1 版　2019 年 5 月第 1 次印刷
880 × 1230 毫米　开本：1/64　印张：5.6875
字数：90 千字

定价：135.00 元（全 9 册）
（如出现印装质量问题，我社图书营销中心负责调换）

《采油工安全生产标准化操作丛书》
编 委 会

《电动潜油泵井生产故障分析与处理 6 电动潜油泵井运行时欠载停机的诊断分析与处理》

编 委 会

开发单位

中国石油天然气股份有限公司勘探与生产分公司

大庆油田有限责任公司人事部（党委组织部）

大庆油田有限责任公司开发部

大庆油田有限责任公司质量安全环保部

大庆油田有限责任公司第二采油厂

大庆油田有限责任公司第四采油厂

大庆油田有限责任公司第六采油厂

大庆油田有限责任公司文化集团

大庆油田有限责任公司人才开发院

大庆油田有限责任公司大庆医学高等专科学校

合作单位

长庆油田分公司

辽河油田分公司

新疆油田分公司

大港油田分公司

华北油田分公司

石油工业出版社

FOREWORD 序

“求木之长者，必固其根本；欲流之远者，必浚其泉源。”2017年，党中央、国务院印发了《新时期产业工人队伍建设改革方案》，明确指出，产业工人是工人阶级中发挥支撑作用的主体力量，是创造社会财富的中坚力量，是创新驱动发展的骨干力量，是实施制造强国战略的有生力量。同时提出，要造就一支有理想守信念、懂技术会创新、敢担当讲奉献的宏大的产业工人队伍。这充分体现了党和国家对产业工人队伍建设的关心支持。

中国石油牢固树立以人为本、质量至上、安全第一、环保优先的理念，坚持施行标准化操作作为保证安全生产、深化精细管理、实现

企业内涵发展的重要支撑。中国石油将提升员工技能水平作为抓好产业工人队伍建设的主攻方向，把标准化操作固化成基层单位和干部职工尤其是新员工的行为准则和工作标准，牢固树立“上标准岗、干标准活”的工作意识和理念，形成人人讲安全、人人会安全、人人都安全的良好局面。

守正笃实，久久为功。提升员工技能操作水平是一项长期而艰巨的任务，完善标准是基础，加强领导是保障，优化执行是根本。这需要大家积极推广标准化操作工作，不断加强和改进操作流程与标准，不断规范与完善标准化操作，引导广大员工全面提升对标准化操作的认知度，全面提升标准化操作执行力，规范本质化安全行为，推进各项工作上水平。

中国石油人事部和中国石油勘探与生产分公司共同组织编写的《采油工安全生产标准化

操作丛书》及配套的视频课件，包含中国石油各油气田单位通用性的 140 个基本操作，具有开发标准高、内容全面、注重安全风险、应用范围广、培训效果突出等方面优点。相对应的视频课件利用三维动画技术，通过分解、剖切等方式展示常规不可见的设备内部结构，让员工学习起来更加直观，是一套“看得懂、学得会、易掌握”的实用教材，真正做到了将“技术有形化”，填补了中国石油安全生产操作培训课件方面的空白，为进一步提升操作员工整体素质提供有力支撑。

目前，跨国公司员工培训已经进入了“互联网 + 培训”的员工混合式培训阶段，以多终端应用设备为载体，展现多种资源，结合线下培训和社区化学习模式，以网络化应用进行培训评估，实现可规划路径的人才发展优化培训。这套丛书从生产实际出发，以满足需求为导向，

以促进员工养成标准化操作习惯为目标，实践性和针对性都很强。同时，大批专家的参与写作使教材的权威性有了保证。丛书配套的视频课件可以满足石油员工远程移动学习，也可以满足员工单机高清自学和集中学习。这样就形成了三位一体的员工培训模式，逐步迈入员工混合式培训阶段。希望这套丛书的出版发行，能为促进中国石油员工培训工作的深入开展，为促进员工操作技能水平的不断提升，为推动油气主业高质量发展，为实现中国石油建成世界一流综合性国际能源公司作出积极贡献。

中国石油天然气集团有限公司
总经理助理、人事部总经理　刘志华

PREFACE 前言

采油工是油田企业主体关键工种之一，在中国石油操作类员工中占比较大，采油工技能水平的高低，对油田的安全平稳生产起到至关重要的作用。为进一步提高采油工的基本素质和业务技能水平，中国石油人事部和中国石油勘探与生产分公司于2016年联合启动了采油工安全生产标准化操作视频培训课件开发项目，成立了课件编委会，委托大庆油田公司负责课件具体编制工作，并确定长庆、辽河、新疆、大港、华北5家油田公司和石油工业出版社，共同配合大庆油田做好视频培训课件编制工作。

课件开发过程中，大庆油田高度重视，按照“实际、实用、实效”的原则，专门成立了

课件开发工作领导组，组织公司人事部、开发部、安全环保部、第二采油厂、第四采油厂等9个部门和二级单位共同参与，共计抽调了100余名专家参与项目的研发设计。勘探与生产分公司加强过程监督和质量把控，针对开发方案、课件脚本、制作标准、课件样片等内容，按照不同工作节点先后组织三次大的集中审核会议，邀请中国石油各油田行业专家建言献策，为提高课件的通用性和实用性奠定坚实基础。大庆油田按照总体工作要求，历时两年，完成了视频培训课件的编制任务，并同步完成《采油工安全生产标准化操作丛书》的编写工作。本套丛书紧贴油田生产实际，以采油工岗位职责为依据，包含《安全防护用具使用》《工具、用具、量具使用》《采油工艺简介》《抽油机井标准化操作》《电动潜油泵井标准化操作》《电动螺杆泵井标准化操作》《注水井标准化操作》

《计量间标准化操作》《抽油机井生产故障分析与处理》《电动潜油泵井生产故障分析与处理》《电动螺杆泵井生产故障分析与处理》《注水井生产故障分析与处理》《计量间生产故障分析与处理》《现场应急救护》，共 14 种 140 个分册。本套丛书具有突出的实用性和规范性特点，可广泛用于新员工岗前培训、日常岗位练兵、鉴定考前培训、师徒帮带、技能竞赛等学习培训活动。

希望本套丛书能够为各石油企业提供借鉴，为今后采油工岗位培训的扎实有效开展提供有力保障。由于各油田在采油工艺、设备等方面存在差异性，书中难免有不足之处，敬请读者批评指正。

编者

2018 年 8 月

CONTENTS 目录

故障现象

电动潜油泵机组运行过程中，电流卡片呈现运行电流下降，低于欠载电流保护值时，记录仪指针回归基线。中心控制器显示出“欠载停机”。

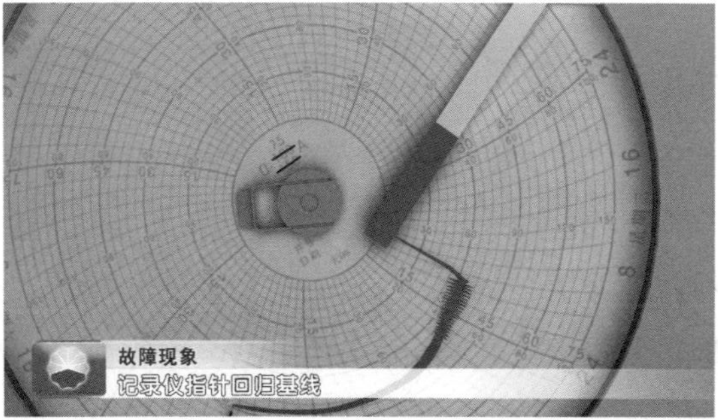

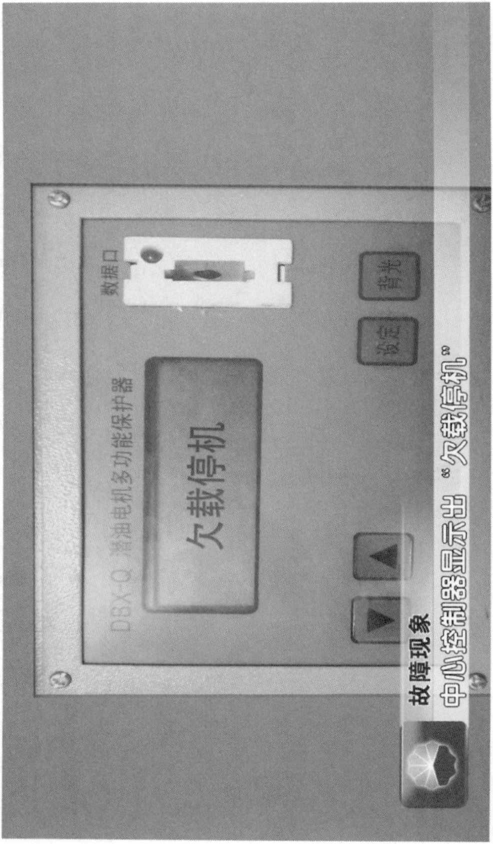
数据口
DBX-Q 潜油电机多功能保护器
欠载停机
设定
背光
故障现象
中心控制器显示出“欠载停机”

故障原因

（1）气体影响：当油井沉没压力过低时，导致油层脱气，游离气体随井液进入潜油离心泵内，导致泵排量减少，潜油电动机负载降低，发生欠载停机。

故障原因
（1）气体影响
油层脱气

故障原因
游离气体随井液进入潜油离心泵内
游离气体

诊断方法：观察电流卡片，呈现电动潜油泵在含气井中运行特征电流曲线。

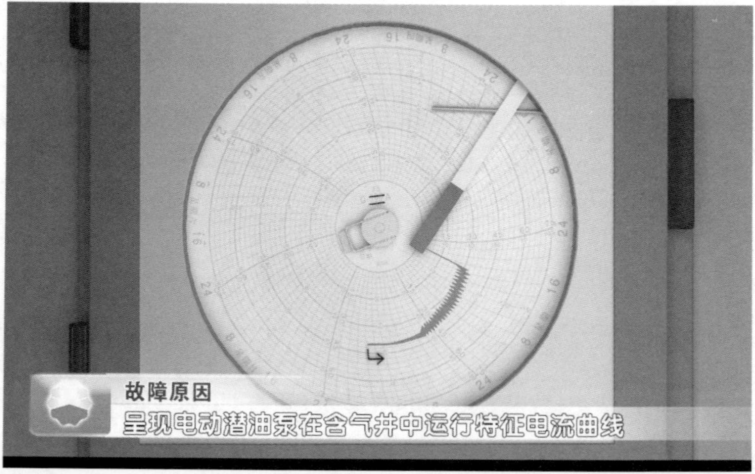

（2）潜油离心泵气塞：大量气体进入潜油离心泵，泵内气体积聚过多，发生“气锁现象”，潜油电动机接近空载运行，发生欠载停机。

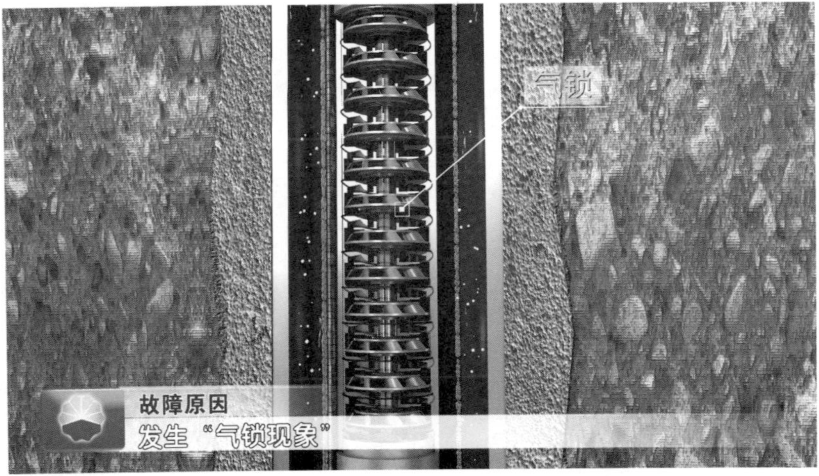

诊断方法：观察电流卡片，呈现电动潜油泵发生气塞特征电流曲线。

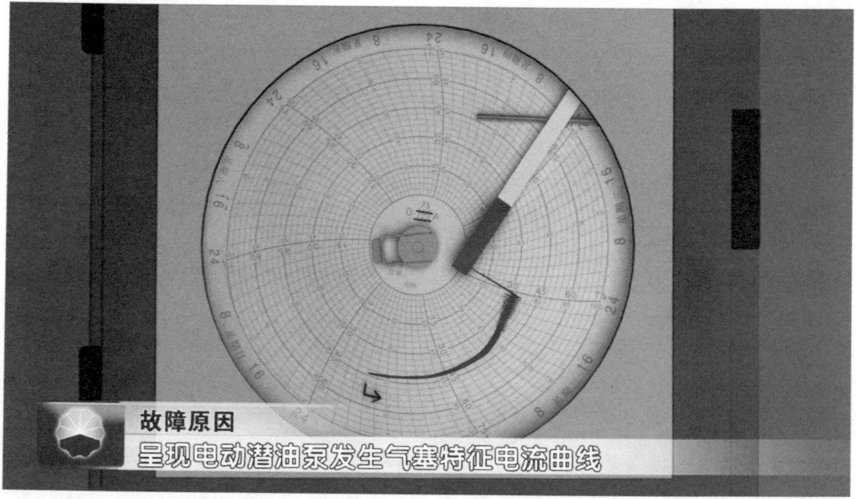

（3）地层供液不足：连通注入井注入量减少或停注、连通油井提液、地层堵塞均会导致地层供液不足，使电动潜油泵井产液量下降，运行电流降低，当运行电流低于欠载电流保护值时，发生欠载停机。

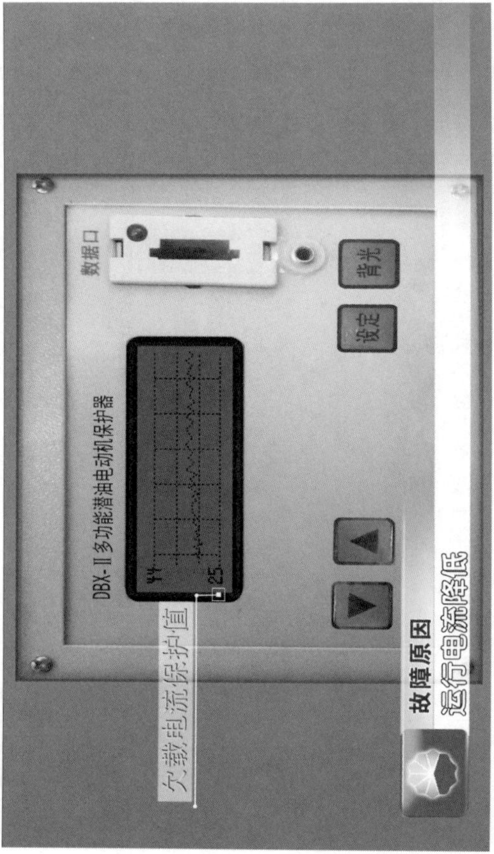
DBX-Ⅱ多功能潜油电动机保护器
数据口
背光
设定
25
欠载电流保护值
故障原因
运行电流降低

诊断方法：同步量油、监测动液面、观察电流卡片综合诊断。量油值、动液面、运行电流同时下降即为地层供液不足。

（4）欠载电流保护值设置偏高：机组运行电流降低后，接近欠载电流保护值时，电流波动即会发生欠载停机。

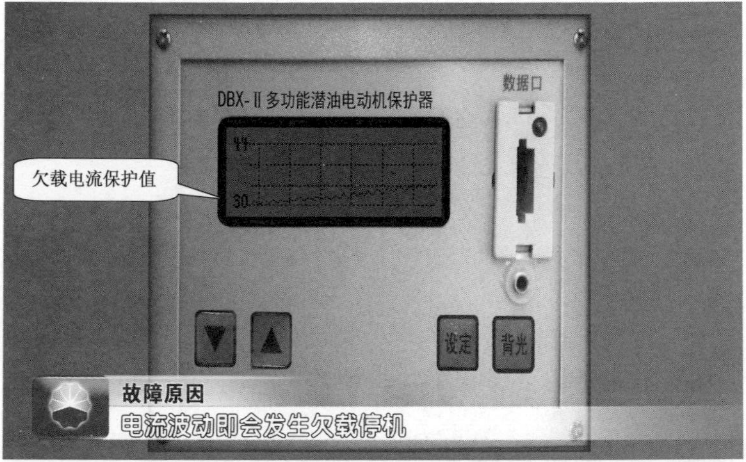

（5）机组轴断或花键套窜脱：电动潜油泵长时间运转，机组轴疲劳断裂或花键套窜脱，导致潜油电动机空载运行，发生欠载停机。

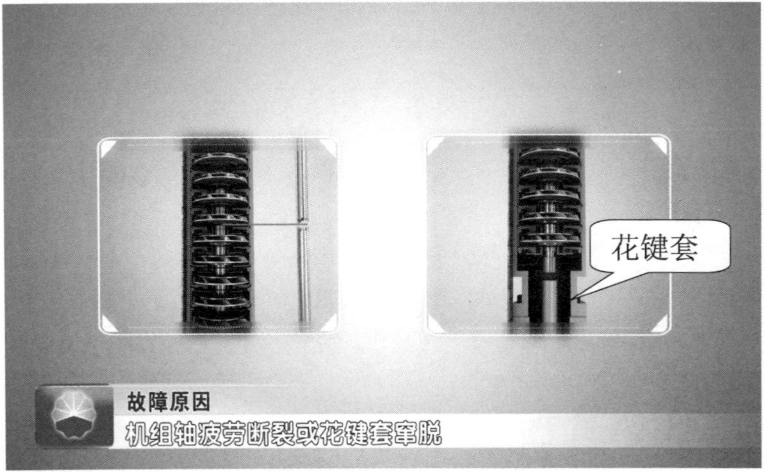

诊断方法：洗井后启机验证，运行电流接近潜油电动机空载电流，则为机组轴断或花键套窜脱。

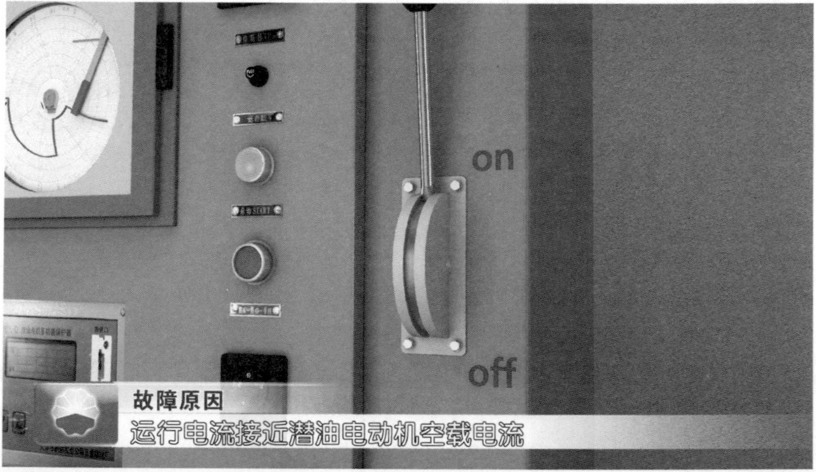

处理方法

（1）气体影响时。

一是对动液面深、套压高井，适量开大井口定压放气阀，恢复沉没度，提高沉没压力，减少油层脱气量。

定压放气阀
油水连通阀
处理方法
适量开大井口定压放气阀

二是对动液面深、套压低井更换变频控制柜，降低电动潜油泵转速，减少泵排量。

（2）潜油离心泵气塞时，进行大排量洗井，排出泵内气体后，缩小油嘴控制排量。

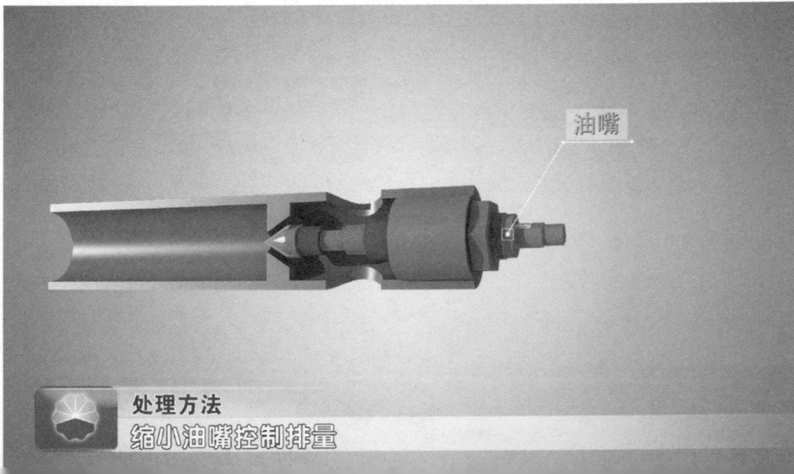

（3）地层供液不足时。

方式一：增加连通注入井注入量。

方式二：连通注入井故障，短时间内可恢复正常注入，采取井口采出液回流措施，使部分井液从油套环空回流井下。

方式三：需长时间维持生产，则更换变频控制柜。

方式四：严重供液不足时，短期内能恢复正常生产，则采取关井措施；若不能恢复，则采取换小泵或转为其他举升方式。

（4）欠载电流保护值设置偏高时，按稳定生产运行电流最低相的80%设定欠载电流保护值，设定时不能低于潜油电动机空载电流。

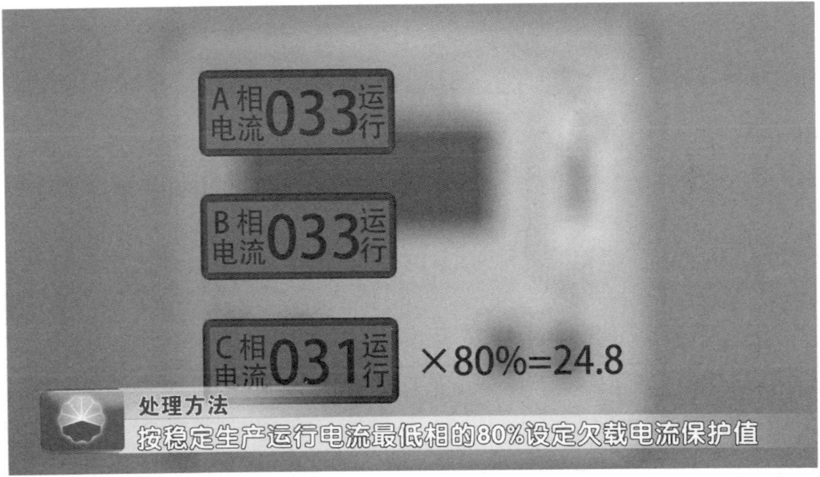

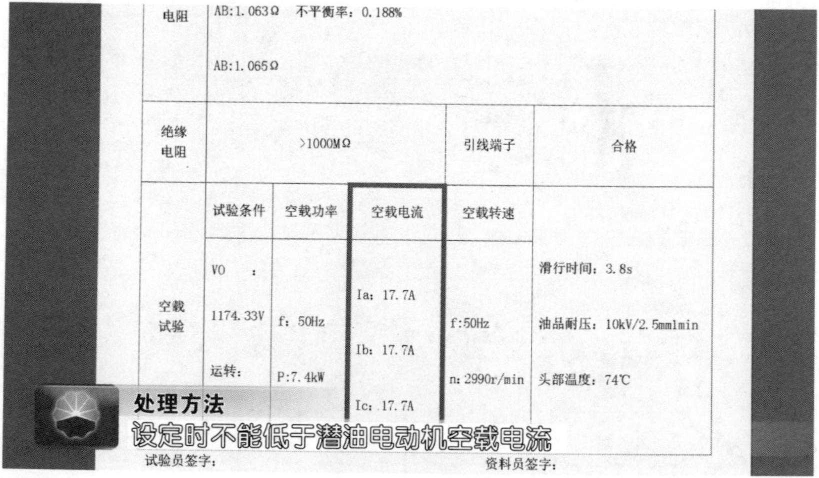

电阻	AB:1.063Ω 不平衡率：0.188% AB:1.065Ω				
绝缘电阻	>1000MΩ		引线端子		合格
空载试验	试验条件	空载功率	空载电流	空载转速	滑行时间：3.8s 油品耐压：10kV/2.5mmlmin 头部温度：74℃
	VO ： 1174.33V 运转：	f：50Hz P:7.4kW	Ia：17.7A Ib：17.7A Ic：17.7A	f:50Hz n：2990r/min	

试验员签字： 资料员签字：

处理方法

设定时不能低于潜油电动机空载电流

（5）机组轴断或花键套窜脱，则检泵更换机组。

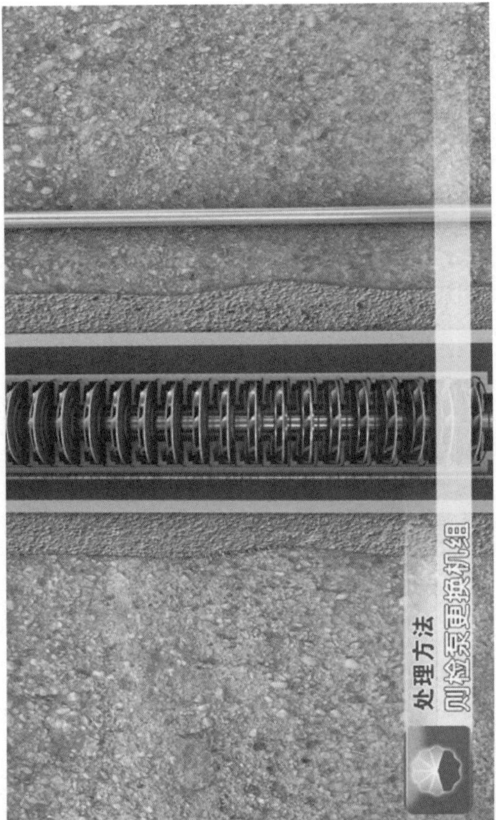
处理方法
则检泵更换机组

试 题

一、选择题（不限单选）

1. 以下哪些故障可导致电动潜油泵在运行过程中发生欠载停机（ ）。

A. 气体影响　　B. 地层供液不足

C. 机组轴断　　D. 离心泵气塞

2. 哪些原因可导致地层供液不足，进而造成电动潜油泵欠载停机（ ）。

A. 注入井减注或停注

B. 连通油井提液

C. 地层堵塞

D. 油层脱气

3. 电动潜油泵井地层供液不足时，可采取以下哪些处理方法（ ）。

A. 增加注入井注入量

B. 采出液回流

C. 安装变频控制柜

D. 转抽油机生产

4. 恢复沉没压力来降低电动潜油泵井气体影响的处理方法有哪些（　）。

A. 开大定压放气阀

B. 更换变频控制柜

C. 洗井处理

D. 更换大泵型

二、判断题

1. 电动潜油泵井运行电流下降后，欠载电流保护值未及时调整可导致欠载停机。（　）

2. 潜油离心泵气塞时，可洗井排气后缩小油嘴控制排量。（　）

试题参考答案

一、选择题

题号	1	2	3	4
答案	ABCD	ABC	ABCD	AB

二、判断题

题号	1	2
答案	√	√

《电动潜油泵井生产故障分析与处理》

分册序号	分册书名
1	电动潜油泵井机组未正常启动的诊断分析与处理
2	电动潜油泵井启动时过载停机的诊断分析与处理
3	电动潜油泵井启动时欠载停机的诊断分析与处理
4	电动潜油泵井排量效率低的诊断分析与处理
5	电动潜油泵井运行时过载停机的诊断分析与处理
6	电动潜油泵井运行时欠载停机的诊断分析与处理
7	电动潜油泵井运行电流偏高的诊断分析与处理
8	电动潜油泵井运行电流不平衡的诊断分析与处理
9	电动潜油泵井机械清蜡操作常见故障处理

选题策划：章卫兵
策划编辑：马海峰　李　中
责任编辑：王　瑞
责任校对：郭京平
封面设计：书蠹文化

采油工安全生产标准化操作丛书

- 安全防护用具使用（3个分册）
- 工具、用具、量具使用（11个分册）
- 采油工艺简介（5个分册）
- 抽油机井标准化操作（25个分册）
- 电动潜油泵井标准化操作（9个分册）
- 电动螺杆泵井标准化操作（12个分册）
- 注水井标准化操作（7个分册）
- 计量间标准化操作（5个分册）
- 抽油机井生产故障分析与处理（15个分册）
- 电动潜油泵井生产故障分析与处理（9个分册）
- 电动螺杆泵井生产故障分析与处理（16个分册）
- 注水井生产故障分析与处理（11个分册）
- 计量间生产故障分析与处理（6个分册）
- 现场应急救护（6个分册）

ISBN 978-7-5183-3242-7

9 787518 332427 >

定价：135.00元（全9册）

采油工安全生产标准化操作丛书

中国石油人事部
中国石油勘探与生产分公司 编

电动潜油泵井生产故障分析与处理 7

电动潜油泵井运行电流偏高的诊断分析与处理

石油工业出版社

采油工安全生产标准化操作丛书

中国石油人事部
中国石油勘探与生产分公司 编

电动潜油泵井生产故障分析与处理 7

电动潜油泵井运行电流偏高的诊断分析与处理

石油工业出版社

图书在版编目（CIP）数据

电动潜油泵井生产故障分析与处理 / 中国石油人事部，中国石油勘探与生产分公司编 .—北京：石油工业出版社，2019.5

（采油工安全生产标准化操作丛书）

ISBN 978-7-5183-3242-7

Ⅰ. ①电…　Ⅱ. ①中…　②中…　Ⅲ. ①电动潜油泵 – 故障诊断 – 技术操作规程　②电动潜油泵 – 故障修复 – 技术操作规程　Ⅳ. ① TE933-65

中国版本图书馆 CIP 数据核字（2019）第 050473 号

出版发行：石油工业出版社
（北京安定门外安华里 2 区 1 号楼 100011）
网　址：www.petropub.com
编辑部：（010）64523541
图书营销中心：（010）64523633
经　　销：全国新华书店
印　　刷：北京中石油彩色印刷有限责任公司

2019 年 5 月第 1 版　2019 年 5 月第 1 次印刷
880 × 1230 毫米　开本：1/64　印张：5.6875
字数：90 千字

定价：135.00 元（全 9 册）
（如出现印装质量问题，我社图书营销中心负责调换）

《采油工安全生产标准化操作丛书》

编　委　会

《电动潜油泵井生产故障分析与处理 7 电动潜油泵井运行电流偏高的诊断分析与处理》

编 委 会

开发单位

中国石油天然气股份有限公司勘探与生产分公司

大庆油田有限责任公司人事部（党委组织部）

大庆油田有限责任公司开发部

大庆油田有限责任公司质量安全环保部

大庆油田有限责任公司第二采油厂

大庆油田有限责任公司第四采油厂

大庆油田有限责任公司第六采油厂

大庆油田有限责任公司文化集团

大庆油田有限责任公司人才开发院

大庆油田有限责任公司大庆医学高等专科学校

合作单位

长庆油田分公司

辽河油田分公司

新疆油田分公司

大港油田分公司

华北油田分公司

石油工业出版社

FOREWORD 序

“求木之长者，必固其根本；欲流之远者，必浚其泉源。”2017 年，党中央、国务院印发了《新时期产业工人队伍建设改革方案》，明确指出，产业工人是工人阶级中发挥支撑作用的主体力量，是创造社会财富的中坚力量，是创新驱动发展的骨干力量，是实施制造强国战略的有生力量。同时提出，要造就一支有理想守信念、懂技术会创新、敢担当讲奉献的宏大的产业工人队伍。这充分体现了党和国家对产业工人队伍建设的关心支持。

中国石油牢固树立以人为本、质量至上、安全第一、环保优先的理念，坚持施行标准化操作作为保证安全生产、深化精细管理、实现

企业内涵发展的重要支撑。中国石油将提升员工技能水平作为抓好产业工人队伍建设的主攻方向，把标准化操作固化成基层单位和干部职工尤其是新员工的行为准则和工作标准，牢固树立“上标准岗、干标准活”的工作意识和理念，形成人人讲安全、人人会安全、人人都安全的良好局面。

守正笃实，久久为功。提升员工技能操作水平是一项长期而艰巨的任务，完善标准是基础，加强领导是保障，优化执行是根本。这需要大家积极推广标准化操作工作，不断加强和改进操作流程与标准，不断规范与完善标准化操作，引导广大员工全面提升对标准化操作的认知度，全面提升标准化操作执行力，规范本质化安全行为，推进各项工作上水平。

中国石油人事部和中国石油勘探与生产分公司共同组织编写的《采油工安全生产标准化

操作丛书》及配套的视频课件，包含中国石油各油气田单位通用性的140个基本操作，具有开发标准高、内容全面、注重安全风险、应用范围广、培训效果突出等方面优点。相对应的视频课件利用三维动画技术，通过分解、剖切等方式展示常规不可见的设备内部结构，让员工学习起来更加直观，是一套“看得懂、学得会、易掌握”的实用教材，真正做到了将“技术有形化”，填补了中国石油安全生产操作培训课件方面的空白，为进一步提升操作员工整体素质提供有力支撑。

目前，跨国公司员工培训已经进入了“互联网＋培训”的员工混合式培训阶段，以多终端应用设备为载体，展现多种资源，结合线下培训和社区化学习模式，以网络化应用进行培训评估，实现可规划路径的人才发展优化培训。这套丛书从生产实际出发，以满足需求为导向，

以促进员工养成标准化操作习惯为目标，实践性和针对性都很强。同时，大批专家的参与写作使教材的权威性有了保证。丛书配套的视频课件可以满足石油员工远程移动学习，也可以满足员工单机高清自学和集中学习。这样就形成了三位一体的员工培训模式，逐步迈入员工混合式培训阶段。希望这套丛书的出版发行，能为促进中国石油员工培训工作的深入开展，为促进员工操作技能水平的不断提升，为推动油气主业高质量发展，为实现中国石油建成世界一流综合性国际能源公司作出积极贡献。

中国石油天然气集团有限公司
总经理助理、人事部总经理 刘志华

PREFACE 前言

采油工是油田企业主体关键工种之一，在中国石油操作类员工中占比较大，采油工技能水平的高低，对油田的安全平稳生产起到至关重要的作用。为进一步提高采油工的基本素质和业务技能水平，中国石油人事部和中国石油勘探与生产分公司于2016年联合启动了采油工安全生产标准化操作视频培训课件开发项目，成立了课件编委会，委托大庆油田公司负责课件具体编制工作，并确定长庆、辽河、新疆、大港、华北5家油田公司和石油工业出版社，共同配合大庆油田做好视频培训课件编制工作。

课件开发过程中，大庆油田高度重视，按照“实际、实用、实效”的原则，专门成立了

课件开发工作领导组，组织公司人事部、开发部、安全环保部、第二采油厂、第四采油厂等9个部门和二级单位共同参与，共计抽调了100余名专家参与项目的研发设计。勘探与生产分公司加强过程监督和质量把控,针对开发方案、课件脚本、制作标准、课件样片等内容，按照不同工作节点先后组织三次大的集中审核会议，邀请中国石油各油田行业专家建言献策，为提高课件的通用性和实用性奠定坚实基础。大庆油田按照总体工作要求，历时两年，完成了视频培训课件的编制任务，并同步完成《采油工安全生产标准化操作丛书》的编写工作。本套丛书紧贴油田生产实际，以采油工岗位职责为依据，包含《安全防护用具使用》《工具、用具、量具使用》《采油工艺简介》《抽油机井标准化操作》《电动潜油泵井标准化操作》《电动螺杆泵井标准化操作》《注水井标准化操作》

《计量间标准化操作》《抽油机井生产故障分析与处理》《电动潜油泵井生产故障分析与处理》《电动螺杆泵井生产故障分析与处理》《注水井生产故障分析与处理》《计量间生产故障分析与处理》《现场应急救护》，共14种140个分册。本套丛书具有突出的实用性和规范性特点，可广泛用于新员工岗前培训、日常岗位练兵、鉴定考前培训、师徒帮带、技能竞赛等学习培训活动。

希望本套丛书能够为各石油企业提供借鉴，为今后采油工岗位培训的扎实有效开展提供有力保障。由于各油田在采油工艺、设备等方面存在差异性，书中难免有不足之处，敬请读者批评指正。

编者

2018年8月

CONTENTS 目录

故障现象

电动潜油泵机组运行过程中，在产液和电压均不变情况下，电流卡片显示运行电流升高，并在额定电流值与过载电流保护值之间。运行电流偏高，将缩短潜油电动机使用寿命，加速潜油离心泵磨损，增加机组轴断风险。

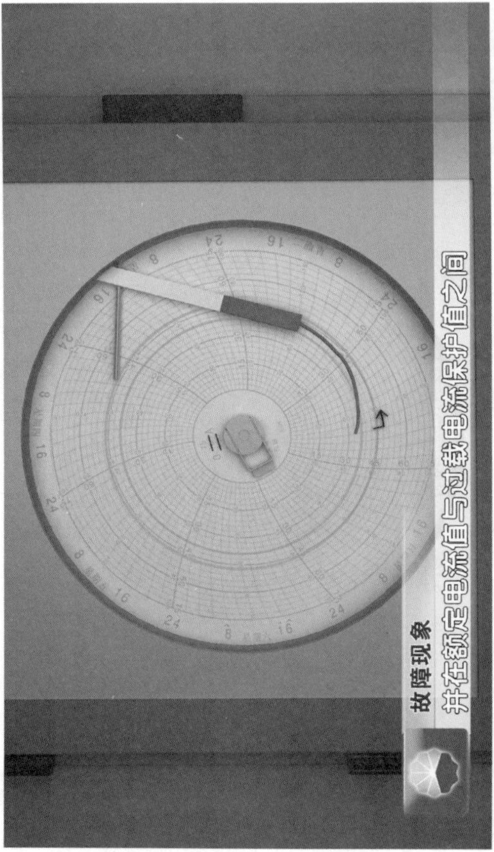
故障现象
井在额定电流值与过载电流保护值之间

故障原因

（1）泥沙、杂质影响：井液中含有泥沙或杂质时，增大潜油离心泵叶轮摩擦阻力，使潜油电动机负载升高。

诊断方法：观察电流卡片，呈现电动潜油泵机组受泥沙、杂质影响特征电流曲线，洗井后现象缓解或消除，则为泥沙、杂质影响。

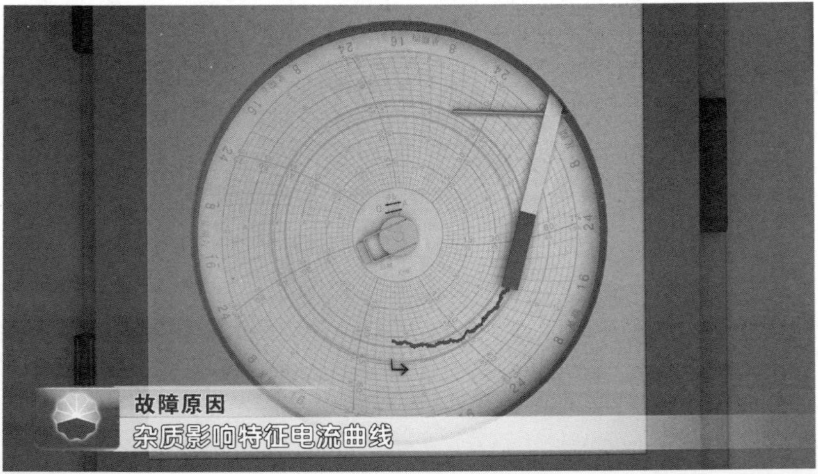

（2）机组机械磨损：机组机械部件磨损使潜油电动机负载升高。

诊断方法：观察电流卡片，与泥沙、杂质影响特征电流曲线类似，洗井后现象无缓解，则为机组机械磨损。

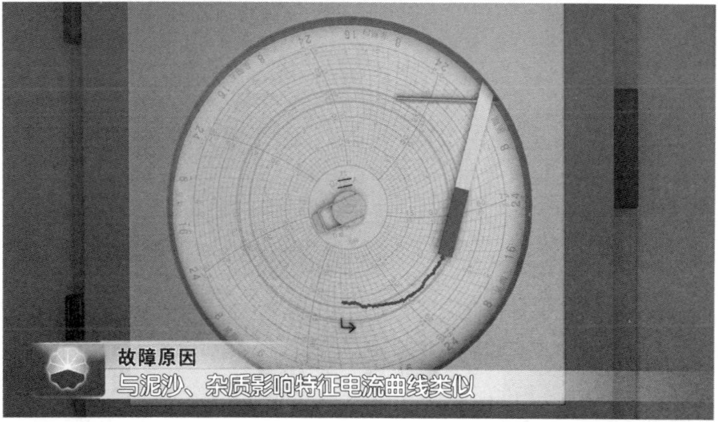

（3）套变影响：电动潜油泵机组下入井段套管变形后挤压机组，潜油电动机、电动机保护器、油气分离器、潜油离心泵不同轴，使潜油电动机负载升高。

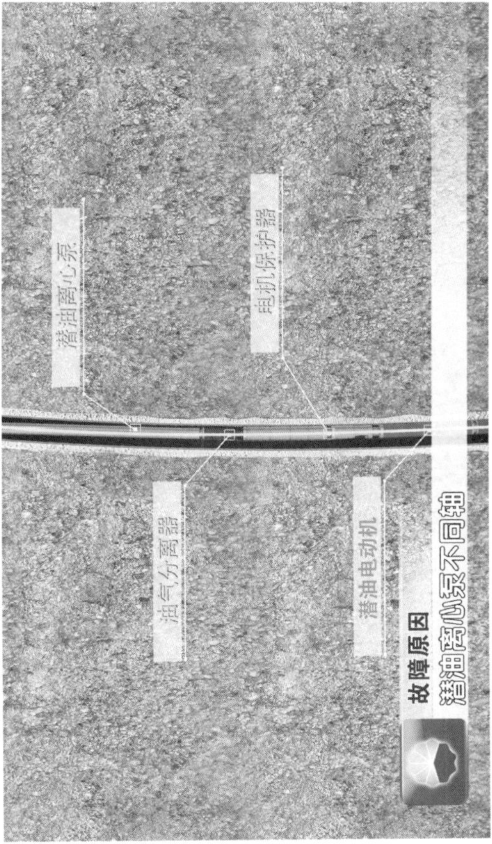
潜油离心泵
电机保护器
油气分离器
潜油电动机
故障原因
潜油离心泵不同轴

处理方法

（1）泥沙、杂质影响时，洗井处理后电流曲线回归正常则维持生产；现象反复出现，则应用防砂机组或转为其他举升方式。

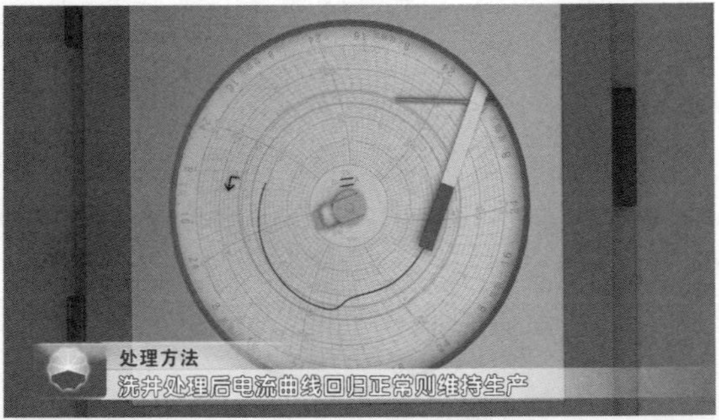

（2）机组机械磨损则检泵更换机组。

（3）套变影响时，作业上提机组，避开弯曲井段。

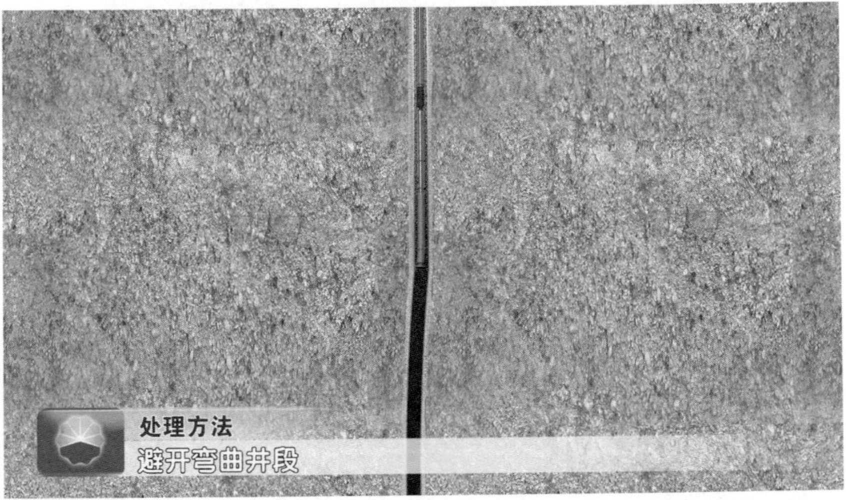

试　题

一、选择题（不限单选）

1. 电动潜油泵井运行电流偏高，可产生以下哪些后果（　）。

A. 缩短潜油电动机运行寿命

B. 加速离心泵磨损

C. 增加机组轴断风险

D. 造成油管漏失

二、判断题

1. 电动潜油泵机组下入井段套管变形后挤压机组，将导致潜油电动机、电动机保护器、油气分离器、潜油离心泵不同轴，使运行电流升高。（　）

试题参考答案

一、选择题

题号	1
答案	ABC

二、判断题

题号	1
答案	√

《电动潜油泵井生产故障分析与处理》

分册序号	分册书名
1	电动潜油泵井机组未正常启动的诊断分析与处理
2	电动潜油泵井启动时过载停机的诊断分析与处理
3	电动潜油泵井启动时欠载停机的诊断分析与处理
4	电动潜油泵井排量效率低的诊断分析与处理
5	电动潜油泵井运行时过载停机的诊断分析与处理
6	电动潜油泵井运行时欠载停机的诊断分析与处理
7	电动潜油泵井运行电流偏高的诊断分析与处理
8	电动潜油泵井运行电流不平衡的诊断分析与处理
9	电动潜油泵井机械清蜡操作常见故障处理

选题策划：章卫兵
策划编辑：马海峰　李　中
责任编辑：王　瑞
责任校对：郭京平
封面设计：书蠹文化

采油工安全生产标准化操作丛书

- 安全防护用具使用（3个分册）
- 工具、用具、量具使用（11个分册）
- 采油工艺简介（5个分册）
- 抽油机井标准化操作（25个分册）
- 电动潜油泵井标准化操作（9个分册）
- 电动螺杆泵井标准化操作（12个分册）
- 注水井标准化操作（7个分册）
- 计量间标准化操作（5个分册）
- 抽油机井生产故障分析与处理（15个分册）
- 电动潜油泵井生产故障分析与处理（9个分册）
- 电动螺杆泵井生产故障分析与处理（16个分册）
- 注水井生产故障分析与处理（11个分册）
- 计量间生产故障分析与处理（6个分册）
- 现场应急救护（6个分册）

ISBN 978-7-5183-3242-7

9 787518 332427

定价：135.00元（全9册）

采油工安全生产标准化操作丛书

中国石油人事部
中国石油勘探与生产分公司 编

电动潜油泵井生产故障分析与处理 8

电动潜油泵井运行电流不平衡的诊断分析与处理

石油工业出版社

采油工安全生产标准化操作丛书

中国石油人事部
中国石油勘探与生产分公司 编

电动潜油泵井生产故障分析与处理 8

电动潜油泵井运行电流不平衡的诊断分析与处理

石油工业出版社

图书在版编目（CIP）数据

电动潜油泵井生产故障分析与处理 / 中国石油人事部，中国石油勘探与生产分公司编 .—北京：石油工业出版社，2019.5
（采油工安全生产标准化操作丛书）
ISBN 978-7-5183-3242-7

Ⅰ.①电…　Ⅱ.①中…　②中…　Ⅲ.①电动潜油泵－故障诊断－技术操作规程　②电动潜油泵－故障修复－技术操作规程　Ⅳ.① TE933-65

中国版本图书馆 CIP 数据核字（2019）第 050473 号

出版发行：石油工业出版社
（北京安定门外安华里 2 区 1 号楼 100011）
网　址：www.petropub.com
编辑部：（010）64523541
图书营销中心：（010）64523633
经　　销：全国新华书店
印　　刷：北京中石油彩色印刷有限责任公司

2019 年 5 月第 1 版　2019 年 5 月第 1 次印刷
880 × 1230 毫米　开本：1/64　印张：5.6875
字数：90 千字

定价：135.00 元（全 9 册）
（如出现印装质量问题，我社图书营销中心负责调换）

《采油工安全生产标准化操作丛书》编委会

#《电动潜油泵井生产故障分析与处理 8 电动潜油泵井运行电流不平衡的诊断分析与处理》

编　委　会

开发单位

中国石油天然气股份有限公司勘探与生产分公司

大庆油田有限责任公司人事部（党委组织部）

大庆油田有限责任公司开发部

大庆油田有限责任公司质量安全环保部

大庆油田有限责任公司第二采油厂

大庆油田有限责任公司第四采油厂

大庆油田有限责任公司第六采油厂

大庆油田有限责任公司文化集团

大庆油田有限责任公司人才开发院

大庆油田有限责任公司大庆医学高等专科学校

合作单位

长庆油田分公司

辽河油田分公司

新疆油田分公司

大港油田分公司

华北油田分公司

石油工业出版社

FOREWORD 序

“求木之长者，必固其根本；欲流之远者，必浚其泉源。”2017 年，党中央、国务院印发了《新时期产业工人队伍建设改革方案》，明确指出，产业工人是工人阶级中发挥支撑作用的主体力量，是创造社会财富的中坚力量，是创新驱动发展的骨干力量，是实施制造强国战略的有生力量。同时提出，要造就一支有理想守信念、懂技术会创新、敢担当讲奉献的宏大的产业工人队伍。这充分体现了党和国家对产业工人队伍建设的关心支持。

中国石油牢固树立以人为本、质量至上、安全第一、环保优先的理念，坚持施行标准化操作作为保证安全生产、深化精细管理、实现

企业内涵发展的重要支撑。中国石油将提升员工技能水平作为抓好产业工人队伍建设的主攻方向，把标准化操作固化成基层单位和干部职工尤其是新员工的行为准则和工作标准，牢固树立“上标准岗、干标准活”的工作意识和理念，形成人人讲安全、人人会安全、人人都安全的良好局面。

守正笃实，久久为功。提升员工技能操作水平是一项长期而艰巨的任务，完善标准是基础，加强领导是保障，优化执行是根本。这需要大家积极推广标准化操作工作，不断加强和改进操作流程与标准，不断规范与完善标准化操作，引导广大员工全面提升对标准化操作的认知度，全面提升标准化操作执行力，规范本质化安全行为，推进各项工作上水平。

中国石油人事部和中国石油勘探与生产分公司共同组织编写的《采油工安全生产标准化

操作丛书》及配套的视频课件，包含中国石油各油气田单位通用性的140个基本操作，具有开发标准高、内容全面、注重安全风险、应用范围广、培训效果突出等方面优点。相对应的视频课件利用三维动画技术，通过分解、剖切等方式展示常规不可见的设备内部结构，让员工学习起来更加直观，是一套“看得懂、学得会、易掌握”的实用教材，真正做到了将“技术有形化”，填补了中国石油安全生产操作培训课件方面的空白，为进一步提升操作员工整体素质提供有力支撑。

目前，跨国公司员工培训已经进入了“互联网＋培训”的员工混合式培训阶段，以多终端应用设备为载体，展现多种资源，结合线下培训和社区化学习模式，以网络化应用进行培训评估，实现可规划路径的人才发展优化培训。这套丛书从生产实际出发，以满足需求为导向，

以促进员工养成标准化操作习惯为目标，实践性和针对性都很强。同时，大批专家的参与写作使教材的权威性有了保证。丛书配套的视频课件可以满足石油员工远程移动学习，也可以满足员工单机高清自学和集中学习。这样就形成了三位一体的员工培训模式，逐步迈入员工混合式培训阶段。希望这套丛书的出版发行，能为促进中国石油员工培训工作的深入开展，为促进员工操作技能水平的不断提升，为推动油气主业高质量发展，为实现中国石油建成世界一流综合性国际能源公司作出积极贡献。

中国石油天然气集团有限公司
总经理助理、人事部总经理　刘志华

PREFACE 前言

采油工是油田企业主体关键工种之一，在中国石油操作类员工中占比较大，采油工技能水平的高低，对油田的安全平稳生产起到至关重要的作用。为进一步提高采油工的基本素质和业务技能水平，中国石油人事部和中国石油勘探与生产分公司于2016年联合启动了采油工安全生产标准化操作视频培训课件开发项目，成立了课件编委会，委托大庆油田公司负责课件具体编制工作，并确定长庆、辽河、新疆、大港、华北5家油田公司和石油工业出版社，共同配合大庆油田做好视频培训课件编制工作。

课件开发过程中，大庆油田高度重视，按照“实际、实用、实效”的原则，专门成立了

课件开发工作领导组，组织公司人事部、开发部、安全环保部、第二采油厂、第四采油厂等9个部门和二级单位共同参与，共计抽调了100余名专家参与项目的研发设计。勘探与生产分公司加强过程监督和质量把控,针对开发方案、课件脚本、制作标准、课件样片等内容，按照不同工作节点先后组织三次大的集中审核会议，邀请中国石油各油田行业专家建言献策，为提高课件的通用性和实用性奠定坚实基础。大庆油田按照总体工作要求，历时两年，完成了视频培训课件的编制任务，并同步完成《采油工安全生产标准化操作丛书》的编写工作。本套丛书紧贴油田生产实际，以采油工岗位职责为依据，包含《安全防护用具使用》《工具、用具、量具使用》《采油工艺简介》《抽油机井标准化操作》《电动潜油泵井标准化操作》《电动螺杆泵井标准化操作》《注水井标准化操作》

《计量间标准化操作》《抽油机井生产故障分析与处理》《电动潜油泵井生产故障分析与处理》《电动螺杆泵井生产故障分析与处理》《注水井生产故障分析与处理》《计量间生产故障分析与处理》《现场应急救护》，共 14 种 140 个分册。本套丛书具有突出的实用性和规范性特点，可广泛用于新员工岗前培训、日常岗位练兵、鉴定考前培训、师徒帮带、技能竞赛等学习培训活动。

希望本套丛书能够为各石油企业提供借鉴，为今后采油工岗位培训的扎实有效开展提供有力保障。由于各油田在采油工艺、设备等方面存在差异性，书中难免有不足之处，敬请读者批评指正。

编者

2018 年 8 月

CONTENTS 目录

故障现象

电动潜油泵机组运行过程中，中心控制器显示三相运行电流出现不平衡现象，必须及时诊断分析处理，否则，将严重影响电动潜油泵机组的平稳运行。

三相电流不平衡度计算公式：

$$C=\frac{(I_{平均}-I_{\min})}{I_{平均}}\times 100.0\%$$

式中 $I_{平均}$——三相运行电流平均值；

$I_{\min}$——三相运行电流最小值。

注：三相运行电流不平衡度超过 5.0% 即为三相电流不平衡。

故障原因

（1）控制柜内电气元件故障，使三相电流显示异常。

诊断方法：应用钳形电流表测量三相电流值。

若与中心控制器三相电流不一致，则为控制柜内电气元件故障。

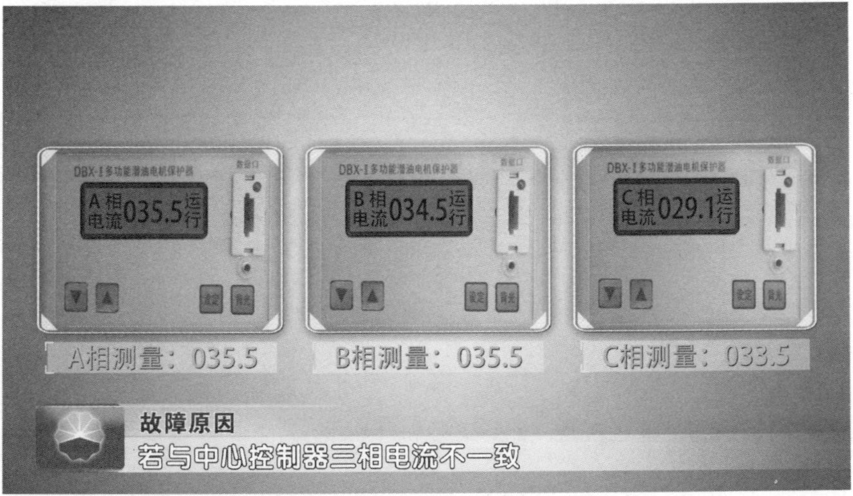

（2）井下电气故障。

诊断方法：顺次调整三相电流输入端子相序。

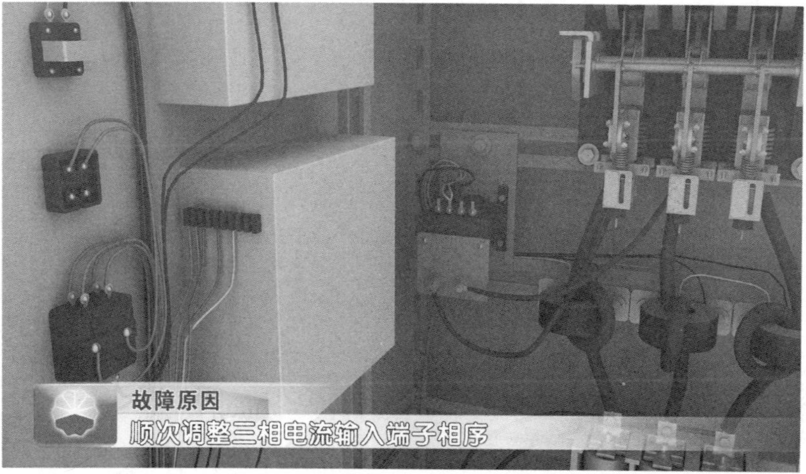

若中心控制器三相电流相应移动，则为井下电气故障。

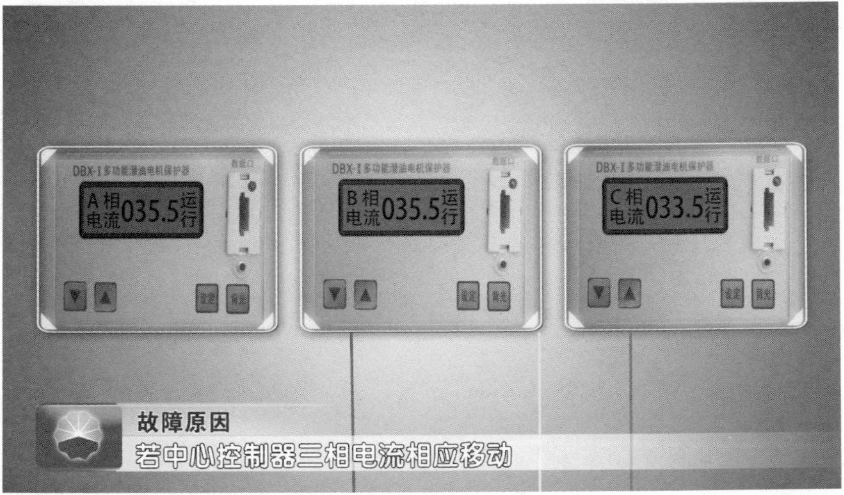

（3）高压变压器或供电线路故障。

诊断方法：排除其他故障后，查看同线路临井三相运行电流，若平衡则为高压变压器故障，若不平衡，则为供电线路故障。

处理方法

（1）控制柜内电气元件损坏时，及时维修或更换电气元件。

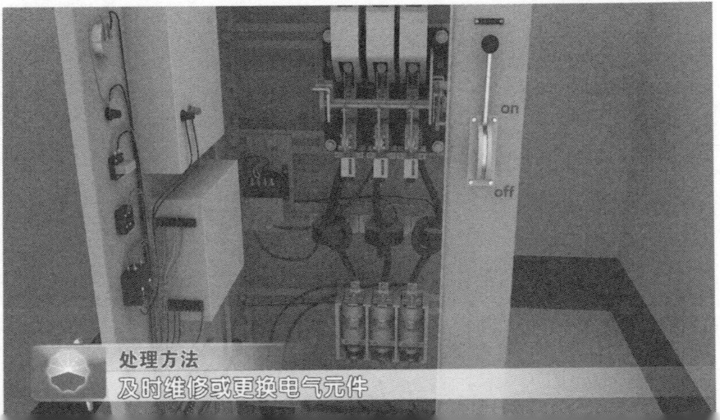

（2）井下电气故障则上报检泵作业。

（3）高压变压器故障则及时维修或更换，供电系统故障则待系统稳定后再启机运行。

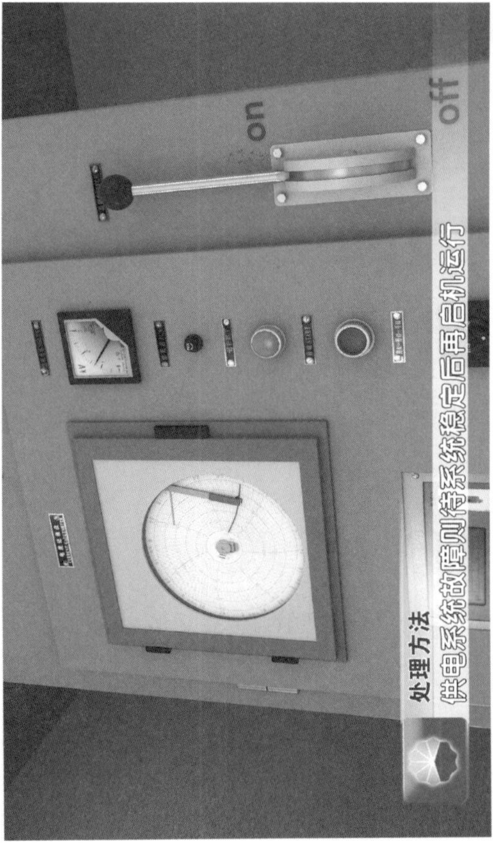
on
off
处理方法
供电系统故障则待系统稳定后再启机运行

试　题

一、选择题（不限单选）

1. 电动潜油泵机组三相运行电流不平衡度超过（　）即为三相电流不平衡。

A. 2.0%　　　　B. 5.0%

C. 10.0%　　　　D. 20.0%

2. 导致电动潜油泵井运行电流不平衡的原因可能有以下哪些（　）。

A. 控制柜电气元件故障

B. 井下机组电气故障

C. 高压变压器故障

D. 供电系统故障

二、判断题

1. 应用钳形电流表测量三相电流值，显示值与中心控制器不一致即为控制柜内电气元件

故障。（ ）

2. 供电系统故障导致三相运行电流不平衡时，须待供电系统稳定后再启机运行。（ ）

试题参考答案

一、选择题

题号	1	2
答案	B	ABCD

二、判断题

题号	1	2
答案	√	√

《电动潜油泵井生产故障分析与处理》

分册序号	分册书名
1	电动潜油泵井机组未正常启动的诊断分析与处理
2	电动潜油泵井启动时过载停机的诊断分析与处理
3	电动潜油泵井启动时欠载停机的诊断分析与处理
4	电动潜油泵井排量效率低的诊断分析与处理
5	电动潜油泵井运行时过载停机的诊断分析与处理
6	电动潜油泵井运行时欠载停机的诊断分析与处理
7	电动潜油泵井运行电流偏高的诊断分析与处理
8	电动潜油泵井运行电流不平衡的诊断分析与处理
9	电动潜油泵井机械清蜡操作常见故障处理

选题策划：章卫兵
策划编辑：马海峰　李　中
责任编辑：王　瑞
责任校对：郭京平
封面设计：书甍文化

采油工安全生产标准化操作丛书

- 安全防护用具使用（3个分册）
- 工具、用具、量具使用（11个分册）
- 采油工艺简介（5个分册）
- 抽油机井标准化操作（25个分册）
- 电动潜油泵井标准化操作（9个分册）
- 电动螺杆泵井标准化操作（12个分册）
- 注水井标准化操作（7个分册）
- 计量间标准化操作（5个分册）
- 抽油机井生产故障分析与处理（15个分册）
- 电动潜油泵井生产故障分析与处理（9个分册）
- 电动螺杆泵井生产故障分析与处理（16个分册）
- 注水井生产故障分析与处理（11个分册）
- 计量间生产故障分析与处理（6个分册）
- 现场应急救护（6个分册）

ISBN 978-7-5183-3242-7
9 787518 332427 >

定价：135.00元（全9册）

采油工安全生产标准化操作丛书

中国石油人事部
中国石油勘探与生产分公司 编

电动潜油泵井生产故障分析与处理 9

电动潜油泵井机械清蜡操作常见故障处理

石油工业出版社

采油工安全生产标准化操作丛书

中国石油人事部
中国石油勘探与生产分公司　编

电动潜油泵井生产故障分析与处理　9

电动潜油泵井机械清蜡操作常见故障处理

石油工業出版社

图书在版编目（CIP）数据

电动潜油泵井生产故障分析与处理 / 中国石油人事部，中国石油勘探与生产分公司编 .—北京：石油工业出版社，2019.5

（采油工安全生产标准化操作丛书）

ISBN 978-7-5183-3242-7

Ⅰ.①电… Ⅱ.①中… ②中… Ⅲ.①电动潜油泵 - 故障诊断 - 技术操作规程 ②电动潜油泵 - 故障修复 - 技术操作规程 Ⅳ.① TE933-65

中国版本图书馆 CIP 数据核字（2019）第 050473 号

出版发行：石油工业出版社

（北京安定门外安华里 2 区 1 号楼 100011）

网　址：www.petropub.com

编辑部：（010）64523541

图书营销中心：（010）64523633

经　　销：全国新华书店

印　　刷：北京中石油彩色印刷有限责任公司

2019 年 5 月第 1 版　2019 年 5 月第 1 次印刷

880×1230 毫米　开本：1/64　印张：5.6875

字数：90 千字

定价：135.00 元（全 9 册）

（如出现印装质量问题，我社图书营销中心负责调换）

《电动潜油泵井生产故障分析与处理 9 电动潜油泵井机械清蜡操作常见故障处理》

编　委　会

开发单位

中国石油天然气股份有限公司勘探与生产分公司

大庆油田有限责任公司人事部（党委组织部）

大庆油田有限责任公司开发部

大庆油田有限责任公司质量安全环保部

大庆油田有限责任公司第二采油厂

大庆油田有限责任公司第四采油厂

大庆油田有限责任公司第六采油厂

大庆油田有限责任公司文化集团

大庆油田有限责任公司人才开发院

大庆油田有限责任公司大庆医学高等专科学校

合作单位

长庆油田分公司

辽河油田分公司

新疆油田分公司

大港油田分公司

华北油田分公司

石油工业出版社

FOREWORD 序

"求木之长者，必固其根本；欲流之远者，必浚其泉源。"2017年，党中央、国务院印发了《新时期产业工人队伍建设改革方案》，明确指出，产业工人是工人阶级中发挥支撑作用的主体力量，是创造社会财富的中坚力量，是创新驱动发展的骨干力量，是实施制造强国战略的有生力量。同时提出，要造就一支有理想守信念、懂技术会创新、敢担当讲奉献的宏大的产业工人队伍。这充分体现了党和国家对产业工人队伍建设的关心支持。

中国石油牢固树立以人为本、质量至上、安全第一、环保优先的理念，坚持施行标准化操作作为保证安全生产、深化精细管理、实现

企业内涵发展的重要支撑。中国石油将提升员工技能水平作为抓好产业工人队伍建设的主攻方向，把标准化操作固化成基层单位和干部职工尤其是新员工的行为准则和工作标准，牢固树立“上标准岗、干标准活”的工作意识和理念，形成人人讲安全、人人会安全、人人都安全的良好局面。

守正笃实，久久为功。提升员工技能操作水平是一项长期而艰巨的任务，完善标准是基础，加强领导是保障，优化执行是根本。这需要大家积极推广标准化操作工作，不断加强和改进操作流程与标准，不断规范与完善标准化操作，引导广大员工全面提升对标准化操作的认知度，全面提升标准化操作执行力，规范本质化安全行为，推进各项工作上水平。

中国石油人事部和中国石油勘探与生产分公司共同组织编写的《采油工安全生产标准化

操作丛书》及配套的视频课件，包含中国石油各油气田单位通用性的 140 个基本操作，具有开发标准高、内容全面、注重安全风险、应用范围广、培训效果突出等方面优点。相对应的视频课件利用三维动画技术，通过分解、剖切等方式展示常规不可见的设备内部结构，让员工学习起来更加直观，是一套“看得懂、学得会、易掌握”的实用教材，真正做到了将“技术有形化”，填补了中国石油安全生产操作培训课件方面的空白，为进一步提升操作员工整体素质提供有力支撑。

目前，跨国公司员工培训已经进入了“互联网 + 培训”的员工混合式培训阶段，以多终端应用设备为载体，展现多种资源，结合线下培训和社区化学习模式，以网络化应用进行培训评估，实现可规划路径的人才发展优化培训。这套丛书从生产实际出发，以满足需求为导向，

以促进员工养成标准化操作习惯为目标，实践性和针对性都很强。同时，大批专家的参与写作使教材的权威性有了保证。丛书配套的视频课件可以满足石油员工远程移动学习，也可以满足员工单机高清自学和集中学习。这样就形成了三位一体的员工培训模式，逐步迈入员工混合式培训阶段。希望这套丛书的出版发行，能为促进中国石油员工培训工作的深入开展，为促进员工操作技能水平的不断提升，为推动油气主业高质量发展，为实现中国石油建成世界一流综合性国际能源公司作出积极贡献。

中国石油天然气集团有限公司
总经理助理、人事部总经理　刘志华

PREFACE 前言

采油工是油田企业主体关键工种之一，在中国石油操作类员工中占比较大，采油工技能水平的高低，对油田的安全平稳生产起到至关重要的作用。为进一步提高采油工的基本素质和业务技能水平，中国石油人事部和中国石油勘探与生产分公司于 2016 年联合启动了采油工安全生产标准化操作视频培训课件开发项目，成立了课件编委会，委托大庆油田公司负责课件具体编制工作，并确定长庆、辽河、新疆、大港、华北 5 家油田公司和石油工业出版社，共同配合大庆油田做好视频培训课件编制工作。

课件开发过程中，大庆油田高度重视，按照“实际、实用、实效”的原则，专门成立了

课件开发工作领导组，组织公司人事部、开发部、安全环保部、第二采油厂、第四采油厂等9个部门和二级单位共同参与，共计抽调了100余名专家参与项目的研发设计。勘探与生产分公司加强过程监督和质量把控,针对开发方案、课件脚本、制作标准、课件样片等内容，按照不同工作节点先后组织三次大的集中审核会议，邀请中国石油各油田行业专家建言献策，为提高课件的通用性和实用性奠定坚实基础。大庆油田按照总体工作要求，历时两年，完成了视频培训课件的编制任务，并同步完成《采油工安全生产标准化操作丛书》的编写工作。本套丛书紧贴油田生产实际，以采油工岗位职责为依据，包含《安全防护用具使用》《工具、用具、量具使用》《采油工艺简介》《抽油机井标准化操作》《电动潜油泵井标准化操作》《电动螺杆泵井标准化操作》《注水井标准化操作》

《计量间标准化操作》《抽油机井生产故障分析与处理》《电动潜油泵井生产故障分析与处理》《电动螺杆泵井生产故障分析与处理》《注水井生产故障分析与处理》《计量间生产故障分析与处理》《现场应急救护》，共 14 种 140 个分册。本套丛书具有突出的实用性和规范性特点，可广泛用于新员工岗前培训、日常岗位练兵、鉴定考前培训、师徒帮带、技能竞赛等学习培训活动。

希望本套丛书能够为各石油企业提供借鉴，为今后采油工岗位培训的扎实有效开展提供有力保障。由于各油田在采油工艺、设备等方面存在差异性，书中难免有不足之处，敬请读者批评指正。

编者

2018 年 8 月

CONTENTS 目录

故障现象

电动潜油泵井机械清蜡操作时，常见故障为清蜡钢丝打扭、清蜡钢丝从井口滑轮处跳槽或刮蜡器在油管内顶钻。

故障原因

（1）清蜡钢丝打扭：油管内壁蜡质阻力不均匀时，使刮蜡器不能匀速下行，当刮蜡器下行速度低于清蜡钢丝下放速度时，清蜡钢丝在井外积聚并发生弯曲，此时，刮蜡器突然下行时拉紧清蜡钢丝，导致清蜡钢丝打扭。

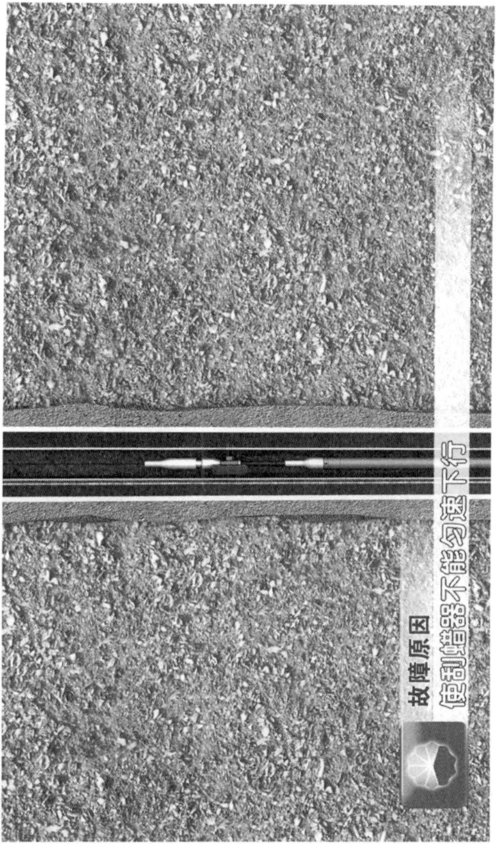
故障原因
使刮蜡器不能匀速下行

故障原因
清蜡钢丝在井外积聚并发生弯曲

故障原因
导致清蜡钢丝打扭

（2）清蜡钢丝跳槽：刮蜡器在井筒内突然遇阻，清蜡钢丝在井口防喷管堵头处积聚脱开滑轮槽，此时刮蜡器突然解卡下行，造成清蜡钢丝跳槽。

故障原因
清蜡钢丝在井口防喷管堵头处积聚脱开滑轮槽

故障原因
造成清蜡钢丝跳槽

（3）刮蜡器顶钻：油管内流道缩小压力升高，上顶刮蜡器迅速上行，造成清蜡钢丝在油管内积聚。

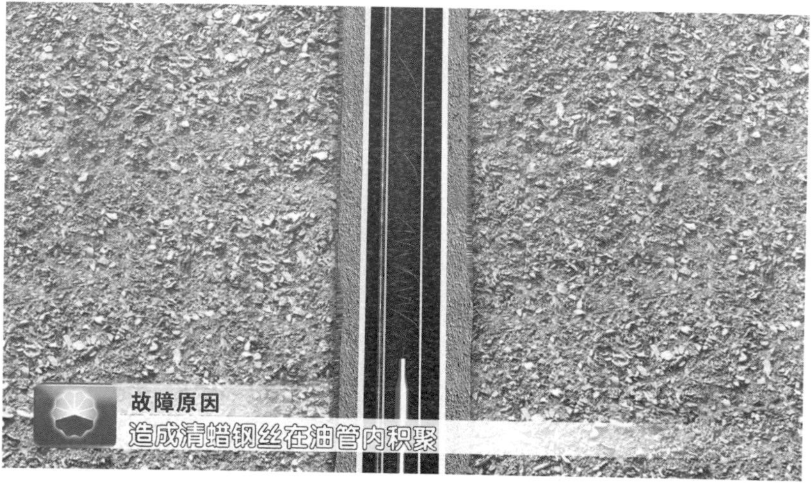

处理方法

（1）清蜡钢丝打扭时，立刻停止清蜡操作，拧紧清蜡堵头密封圈，检查清蜡钢丝合格后，继续执行清蜡操作；损伤明显则起出刮蜡器更换清蜡钢丝。

处理方法
拧紧清蜡堵头密封圈

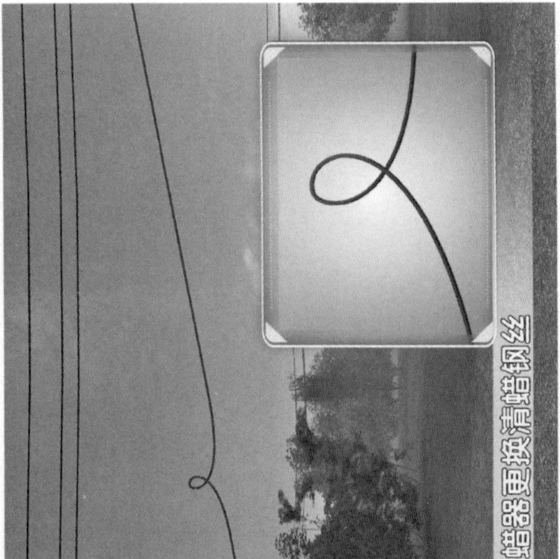
处理方法
损伤明显则起出刮蜡器更换清蜡钢丝

（2）清蜡钢丝跳槽时，应立刻停止清蜡操作，拧紧清蜡堵头密封圈，将钢丝重新放入滑轮槽内。

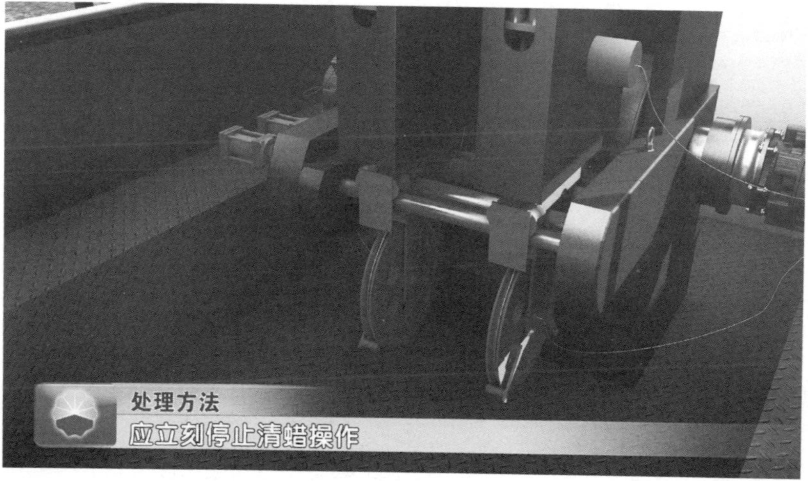

处理方法
拧紧清蜡堵头密封圈

处理方法
将钢丝重新放入滑轮槽内

（3）刮蜡器顶钻时，立即操作绞车上提清蜡钢丝，同时停止电动潜油泵并关闭一次生产阀门。若钢丝拉断，则打捞钢丝；若打捞失败，则上报作业。

on
off
处理方法
同时停止电动潜油泵并关闭一次生产阀门

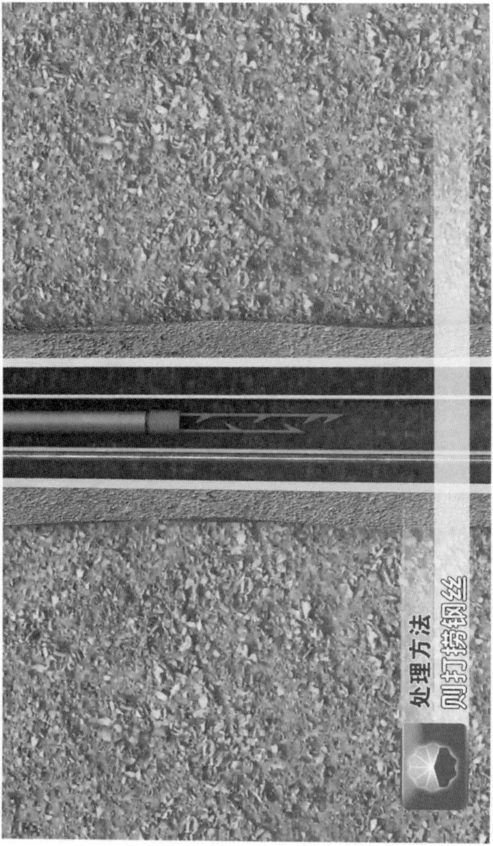
处理方法
则打捞钢丝

试　题

一、选择题（不限单选）

1. 电动潜油泵井机械清蜡操作时常见故障有哪些（　）。

A. 清蜡钢丝打扭　　B. 清蜡钢丝跳槽

C. 刮蜡器顶钻　　D. 清蜡绞车故障

二、判断题

1. 清蜡钢丝打扭时，可解开打扭部位后继续执行清蜡操作。（　）

2. 发现刮蜡器顶钻时，应立即操作绞车上提清蜡钢丝。（　）

试题参考答案

一、选择题

题号	1
答案	ABC

二、判断题

题号	1	2
答案	×	√

《电动潜油泵井生产故障分析与处理》

分册序号	分册书名
1	电动潜油泵井机组未正常启动的诊断分析与处理
2	电动潜油泵井启动时过载停机的诊断分析与处理
3	电动潜油泵井启动时欠载停机的诊断分析与处理
4	电动潜油泵井排量效率低的诊断分析与处理
5	电动潜油泵井运行时过载停机的诊断分析与处理
6	电动潜油泵井运行时欠载停机的诊断分析与处理
7	电动潜油泵井运行电流偏高的诊断分析与处理
8	电动潜油泵井运行电流不平衡的诊断分析与处理
9	电动潜油泵井机械清蜡操作常见故障处理